生活的哲学

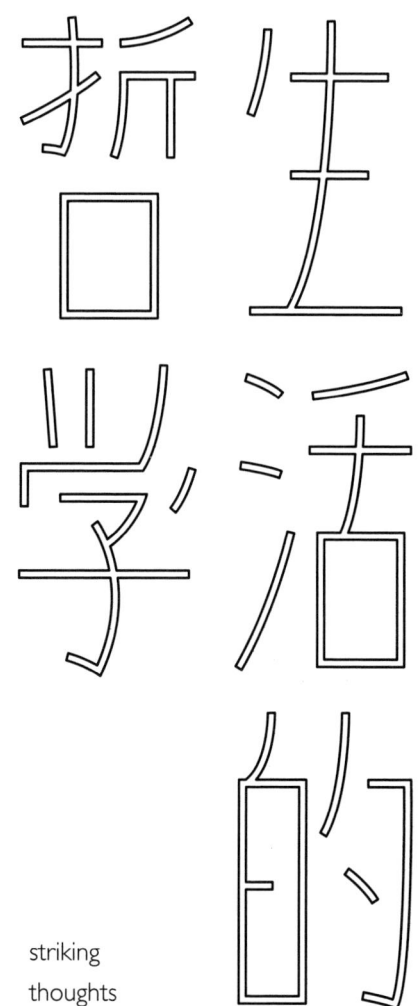

Within the pages of Striking Thoughts, you will find the secrets of Bruce Lee's incredible success— as an actor, martial artist, and inspiration to the world. Consisting of eight sections, Striking Thoughts covers 72 topics and 825 aphorisms—from spirituality to personal liberation and from family life to filmmaking—all of which Bruce lived by.

[美] 李小龙／著
[加] 约翰·里特／编　李倩／译

Bruce Lee

striking
thoughts

bruce lee's
wisdom
for daily living

献　词

献给所有认同李小龙"天下一家"思想，
敢于质疑歧视与不公的男男女女，
不论你们来自哪里，文化背景如何。
正是你们的勇气与"哲思"，
为我们所有人开辟了光明的未来。

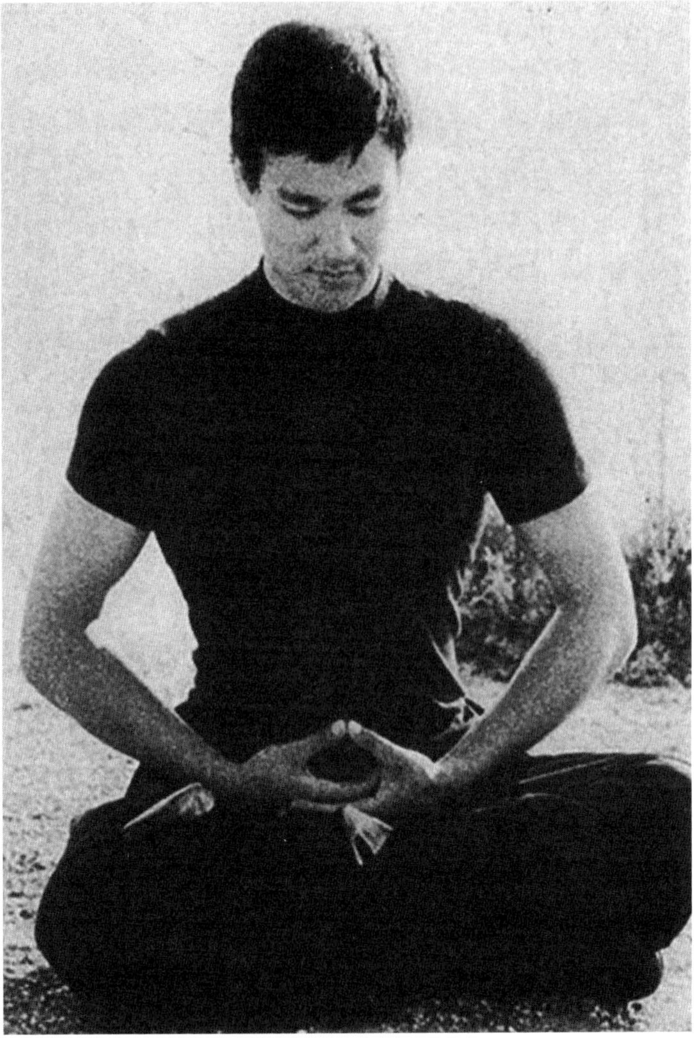

追忆李小龙的思想

  他首先是一位导师,授人哲思,传播知识与智慧……李小龙活得真诚,始终坚持自己的信念——无愧为传授生活之道的一大典范。不论做什么事,都要真心实意、全力以赴。他正是如此影响了我。

  ——卡里姆·阿卜勒-贾巴尔（Kareem Abdul-Jabbar）

  李小龙的哲学似乎总会回归禅宗,以彼此矛盾的观点,阐述一切真理最质朴的本源。李小龙的教义是没有教义的教义,他不是老师,却胜似我认识的最好的老师。

  ——斯特林·西利芬特（Stirling Silliphant）

  你提出的每一问,他无须深思熟虑,脱口就能作答,言简而意赅。如果他发觉你有心事,也总能对症下药,他似乎永远有办法拭去你的"心魔"。譬如李小龙能注意到你心中的恐惧,并说:"噢,你要是怕它,不如这样来看待它……"

他会彻底改变你的想法。李小龙事事都有自己的见解。

——李小龙的弟子，鲍勃·布雷默（Bob Bremer）

在我看来，李小龙是一位生活的哲学家，出类拔萃。他始终孜孜不倦地找寻自我，并忠告他人"认识自我"。他的智慧都源于对自身的了解，我们曾就此促膝长谈。不论你要做什么，如果不了解自己，生活的方方面面你都无从体悟。我想，这正是当今有识之士的一大共性——认识自我。

——史蒂夫·麦奎因（Steve McQueen）

我们总爱训练一小时，再花一小时谈天说地。李小龙从未将生活与上臂拉伸训练割裂开来。他是我所认识的唯一一位能将这一切升华为艺术的人。

——詹姆斯·柯本（James Coburn）

前 言

李小龙的哲学

李小龙激励了很多人。影迷着迷于他非凡的身体素质，习武者折服于他对格斗艺术的真知灼见，而其他人则从他的哲思中得到指引，将武学中的身心合一，转化成一种生活方式。

李小龙在大学期间修读哲学，这块跳板开启了他研究世界各大思想家的毕生之路。他并未将自己局限于任何特定的文化和哲学时代。相反，他如饥似渴地研读过数百部不同门类的哲学著作——西方、东方、古典、现代。他尽力汲取其中信条，提升个人精神境界。

通过不断学习，李小龙逐渐发展出自己的个人哲学，其核心意在加深自我认知，进而获得精神解放。摆脱先入为主的观念、偏见和条件反射，才能看清真相，把握现实。武术是李小龙发挥潜力、与人交流的一种媒介，他无疑是位天赋异禀的武术教练。他常说："师父所传授的断不是真理本身，他是一位向导、一位指路人，指引学生自己去发掘真理。所

谓良师,无非是一剂催化剂。"他最爱给新入门的弟子讲授"空杯"的故事:

> 曾有一学者去向禅师问禅。禅师说话时,学者频频打断他,阐述自己的观点。
>
> 最终禅师止语,转而为学者敬茶。他不断地往茶杯中注水,直至杯满而溢,仍不停手。
>
> "停,"学者出言阻止,"茶杯已满,盛不下了。"
>
> "你正如这只茶杯,心中满是杂念。"禅师答道,"你如不先倒空自己的杯子,如何喝得了我这杯茶?"

李小龙从不会全盘接受任何一种特定的武术风格和哲学流派,因此,他也告诫自己的弟子,切勿不加思考地对他的教导照单全收。言下之意是旨在追求思想、心态和感知的柔韧与包容,同时培养批判性思维。这一探究、分辨和实践的过程,不仅能令人认清自己身体素质的强弱,还能发现自我成长的基本真理,最终臻于身、心、灵和谐统一之境。

李小龙的教导对世人的影响多种多样。他经常"扰乱"习武者,颠覆其固有的训练模式,迫使其反思自己对教条的盲从。那些师从李小龙或读过他文章的人都受他启发,突破以往的束缚,拓展自身潜能,及至身心合一,树立自信,克服恐惧。

李小龙以身作则,鼓励后来人创造性地生活。"至于时势？"他笑道,"管他呢,英雄造时势!"在追寻目标的过程中,李小龙不畏险阻。他的解决之道是将绊脚石化作垫脚石。譬如,他曾因腰伤被迫卧床六个月之久,但他利用这段时间将自己的训练方法和哲思汇编成册。[1]

李小龙天生胸怀大志,而他最终实现的抱负,更是超乎预料。他的精神依旧鼓舞着年轻一代修身养性,最大限度地激发自身潜能。恰如他的许多追随者所言——"李小龙改变了我的人生"。

琳达·李·卡德韦尔(Linda Lee Cadwell)

---

[1] 除本书外,李小龙在这一时期写就的文章还见于"李小龙图书馆"丛书之《截拳道:李小龙武道释义》和《生活的艺术家》等书中。——编者注

序　言
致自由的灵魂

> 自我实现乃人生大事。我个人的建议是，与其塑造自我形象，不如塑造自我。我希望人们能向内求索，真诚地表达自我。
>
> ——李小龙

李小龙改变了世界——武术界、亚美两地的电影界、不计其数的弟子和粉丝的个人世界都因他的才华而面目一新。李小龙的影响力经久不衰，数十年来，他仍旧不断启发和激励着形形色色的人。越来越多的人开始对他的思想感兴趣，称他是当代的哲学家和梦想家。人们在他的言谈中发掘出治疗时代病症的灵丹妙药，将他视作自律、力量和智慧的典范。李小龙的哲学为我们塑造了一个进步的世界，一个脱离苦海的世界，一个摆脱无知、迷信和腐朽的觉悟的世界。用李小龙自己的话说，即一个充满"爱、和睦与兄弟情谊"的世界。

在李小龙看来，哲学并非象牙塔中的专业学术，而是每一个人探索人类精神奇旅的门径。它照彻人类潜能的边界，驱散怀疑与不安的阴影。不同于其他人云亦云者，李小龙始终按照自己的方式追寻真理，并鼓励那些渴望与之同行的人借鉴他的方法。虽然李小龙推崇个人权利和个人发展，看重个人范围内的自主性，但他也探讨过一些更深层次的东西。譬如，强调人类的共性所在，主张消除国籍、种族和阶级等人造隔阂，使全人类平等独立地和平共处。

李小龙拒绝盲从于外在权威。他鼓励人们最大限度地重视自我、珍惜生命，高度赞誉那些"生活的艺术家"，他们对生活自有判断，遗世独立，敢于反抗传统和主流观点。李小龙指出："比起发明创造，我们总是对模仿更有信心。"由此，我们总是倾向于，也总是选择拿着自己的困惑，去向自身之外的他者求解。太多人因此进退维谷，既不知该信谁，又怀疑自己内心的冲动，不知未来何去何从。听凭他人"支配"，任由他人来决定"真正"的问题所在，以致精神萎靡、心智交困。

而《生活的哲学》一书正是要献给那些自由的灵魂，他们选择依靠自己的精神力量而活，拒不遵从对生活和生活方式指手画脚的条条框框。本书涵盖 8 大章节、72 个主题、825 条格言，谨献给失望于陈词滥调和教条主义的真理追求者。翻开本书，你会发现李小龙并没为你备好一堆草率的答案，而是提供了一种方法，让你走你自己的路。若你正处于痛苦、沮丧或焦虑之中，书中的真知灼见会给予你力量，安抚你忐忑的心灵。

我怎敢如此夸口呢？很简单，因为李小龙的言辞不仅对我产生过这样的影响，更影响了成千上万不同行业、不同地区的人。他们纷纷抽空给李小龙教育基金会（Bruce Lee Educational Foundation）写信、发邮件，不约而同地表达了近似之意。李小龙的思想极具吸引力，因为他敢于说出别人敢想而不敢说的话，这份坦率消解了我们的不安和恐惧。他言近旨远，只言片语间就能传达别人长篇累牍述之不尽的道理。其言如山，以更高远的视角，审视生活的意义与生命的奥秘。而最令人唏嘘的是，如此深刻的思想竟是他短短32载春秋的结晶。

"哲思"是李小龙读过哲学家吉杜·克里希那穆提[①]的著作《最初与最终的自由》（*First and Last Freedom*）后，为自己撰写的一系列格言自拟的一个标题。将这些"哲思"写下来（后改为录音），是李小龙早年在香港时就已养成的习惯。本书收录的"哲思"均出自李小龙与记者、朋友和同事之间的谈话、采访与通信。其中部分内容李小龙早已自行打印齐整，没准是觉得有朝一日能派上用场，而另一部分他仅草草记下，以免过后遗忘。此外，还有些许内容是他读书时

[①] 吉杜·克里希那穆提（Jiddu Krishnamurti，1895—1986）：印度哲学家、心灵导师。——译者注

批在空白处的笔记。每当他细细研读某位作家或哲学家的思想时，总会灵光闪现，注下自己的"哲思"。

李小龙的私人藏书室里收藏了大量不同流派的哲学家和不同文化背景的先贤的著作。他的眼界并不局限于身边人，而是对世间各类人看待人生悲欢的方式，有着广泛的了解。不过，对于像李小龙这样的人来说，这些众说纷纭的观点，不过仍旧是种工具而已。在生活陷入迷惘时，与其求得一个终极答案，李小龙更情愿思考多种可能性，让自己更加理智客观。毕竟，李小龙相信，武断作结往往意味着思想的风帆已偃旗息鼓。

李小龙常以格言警句作为自己的写作体裁和教学媒介，本书正沿袭了这一风格。这本《生活的哲学》与巴特利特①的《名言选》(*Familiar Quotations*)有异曲同工之妙，不过，一个人最终能从李小龙身上获得多少启迪，还当看他对李小龙关注到了何种程度。李小龙始终青睐个体之间的交流，他之所以写作，也多意在表达他个人对生命的领悟，并非是为断章取义地支持或反驳任何观点。李小龙深谙"少即是多"的哲学要义，因此，他的文章——尤其是他的哲言——优雅地摆脱了传统哲学的沉闷复杂，为那些看惯长篇大论的形而上学和认识论的哲学读者，带来一股清新之风。虽然抽象

---

① 约翰·巴特利特（John Bartlett，1820—1905）：美国作家、出版商，他编辑的《名言选》被称为西方引语书的开山之作。——译者注

的哲理自有其用武之地，但李小龙的哲言与之有别，旨在激发内心的"斗志"。恰如他的一句哲言：

> 虽然思想最为神圣，但人的目的终究意在行动，不在思想。

李小龙的哲言往往从生活中常见却重要的方面切入，引导读者反思传统观念在这一问题上存在的偏颇。如此一来，他的哲言实是将问题交由读者自行思考，使其得出自己的解答。不论是在课堂上还是笔头上，他总告诫弟子，不要赞同也不要反对——只要成长。

李小龙始终具有质疑精神，不断质疑各种假设，也质疑他自己，从而频频向我们揭示出许多传统观念的缺陷。正是这种质疑精神，为真正的理解打下了基础。诚如李小龙所言："比较出新知。"李小龙坚信，即便他知道答案，即便他知无不言，也不会对别人有所助益。换言之，你得自行辨别李小龙对生活的看法，是否也于你有益。在李小龙看来，除非你几经独立思考，确实认可他的答案，否则他所得出的答案，对你便毫无价值可言。正因如此，李小龙的哲学著作才会显得尤为出众，它是一架桥梁，引领你走入自己的内心，甚而步入哲学的圣域。

探究与质询的过程必不可少，但务必抱有一个清醒的认识——我们所得出的"结论"，没什么了不起的。因为我们的一切设想与信念，永远都要准备接受质疑。它们只不过是一座座中转站，我们还将继续求索，至死方休。李小龙深知他的个人观点，很可能被弟子奉为圭臬，为此他选择借鉴苏格拉底①反诘法，引导弟子（如今则是引导读者）在内心深处面对和解决困扰自身存在的问题。李小龙强调，若真有"法"可循，那也多半是别人的方法，不是你的。若你随波逐流，只会离自己内心的真谛越来越远。因此，真正自由的灵魂，绝不会把任何一本著作（包括本书）视作无上真理，否则它便只会沦为另一种权威。李小龙曾言：

> 在追求真理的道路上，你只能独自求索，切莫依赖他人和书本。

李小龙在最后一部电影《龙争虎斗》（*Enter the Dragon*）中，也有过如是台词：

> 恰似一根手指指向月亮，千万不要一味盯着手指，而错过天上美景。

因此，本书实有一石二鸟之功：与李小龙交流，也与

---

① 苏格拉底（Socrates，公元前469年—公元前399年）：古希腊哲学家、教育家，被誉为西方道德哲学的奠基人。——译者注

你自己交流。李小龙曾就他的教导提出过一条相当中肯的忠告：

> 生活是各类关系的绵延，请摆脱孤立和定式的桎梏，**亲身**体悟当下。记住，我无意得到你的认同，也无意左右你的意志。因而，切勿固守非此即彼的成见。我更乐意看到，从今往后，凡事你皆能自行求索。

李小龙在书中与你交流的内容，要靠你自行琢磨，其意义几何，尽取决于你。

约翰·里特（John Little）

目 录

追忆李小龙的思想 / 5
前　言 / 7
序　言 / 10

第一章　首要准则

生　命 / 3
存　在 / 7
时　间 / 8
根　本 / 10
当　下 / 11
现　实 / 13
法　则 / 18
依　存 / 18
空 / 20
死　亡 / 21

第二章　人

人 / 25
行　动 / 27

无为（自然之为）/ 28

心　灵 / 30

思　想 / 34

概念（抽象）/ 36

知　识 / 38

观　念 / 39

觉　知 / 41

自我（自我意识）/ 44

专　注 / 48

理　性 / 48

感　性 / 53

幸　福 / 54

恐　惧 / 55

意　志 / 56

善　意 / 59

梦 / 60

精　神 / 61

第三章　存 在

健　康 / 69

恋　爱 / 70

爱 / 70

婚　姻 / 72

教　子 / 73

教　育 / 74

教　学 / 75

伦　理 / 78

种族主义 / 81

逆　境 / 83

争　斗 / 87

适　应 / 89

哲　学 / 91

第四章　成　就

工　作 / 97

品　质 / 99

动　力 / 100

目　标 / 103

信　念 / 105

成　功 / 106

金　钱 / 108

名　气 / 109

恭　维 / 110

第五章　艺术与艺术家

艺　术 / 115

电影拍摄 / 120

表　演 / 121

第六章　自我解放

限　制 / 127

体　系 / 128

超　脱 / 133

无念（无心）/ 134

禅　宗 / 136

禅　定 / 139

核　心 / 141

自　由 / 142

第七章　蜕 变

自我实现 / 147

自　助 / 152

自　知 / 154

自我表达 / 157

成　长 / 159

简　单 / 161

第八章　终极法则

阴　阳 / 165

整　体 / 169

道 / 171

真　理 / 172

第一章

首要准则

生　命

万缘本空：若欲饮水，必先空杯。朋友，舍弃一切先入为主的成见，持守中道。试问杯子为何有用？全因它是空的。

随流生命之旅：朋友，你不能踏入同一条河流两次。生命运转不休，恰如奔流之水。无物永驻。不论今后遭遇何种困难，切记，它们不会一成不变，必将随你不息的精神一起波动。若你不以为然，则难免陷入刻意造作之境，妄图固化那永恒的流动。为此，你必须改变，灵活变通。切记，杯子的用处正在于它的空。

生命无涯：生命广袤而无垠，无边，亦无涯。

生活是各类关系的绵延：生活是各类关系的绵延，请摆脱孤立和定式的桎梏，**亲身**体悟当下。记住，我无意得到你的认同，也无意左右你的意志。因而，切勿固守非此即彼的成见。我更乐意看到，从今往后，凡事你皆能自行求索。

生活如斯：从我们诞生的那一刻起，生活便已然开始——它流动无碍，活着的人往往无知无觉，而这样的生活就是存在的真义。鲜活的生命在生活的长流中，不起任何烦恼。因为所谓活着，无非是活在当下！因此，欲求全心全意过好一生，须记取，生活本如斯。

生活——只为生活：要明白活着就是"活着"，并非"为了什么而活"。

生命的意义：生命的意义就在于活下去，不为换取什么，不为定义什么，也不为迁就任何体系模式。

生命是感知的结果：生命不外乎我们所感知到的一切。

人生的意义：总而言之，我的计划和奋斗的目标是找到生命的真谛——内心的平静。而为了拥有平和的心境，道家和禅宗那些超然于世的教义都值得钻研。

生之奥秘："因为他心怎样思量，他为人就是怎样。"[1]这句箴言蕴含着人生的奥秘。詹姆斯·艾伦[2]也曾有言："一个人的所思所想，决定了他是个怎样的人。"这话颇有几分语出惊人的意味，其实人生百事，无不是一种心态。

---

[1] 语出《圣经·旧约·箴言》第二十三章第七句："As he thinketh in his heart, so is he."
[2] 詹姆斯·艾伦（James Allen，1864—1912）：英国哲学作家，此处引语出自他的代表作《做你想做的人》(*As a Man Thinketh*)。——译者注

意义存在于关系之中：意义存在于由表及里的关系之中。

恣意操控并非人生的终极趣味：人生的终极趣味不在于恣意操控，而在于为人真实，能坚定自己的立场，发扬所长，保持人格完整，解放自心自性——必是如此！

生之本质：本质——精神自由，才是最根源的本质。

暴力是生活的一部分：我们应当牢记，暴力和侵略已是现代生活的一部分。电视里比比皆是，你无法视而不见。

生之原则：生命永无停滞。它是一种持续的运动、无节奏的运动，变化无常。万事万物无不处于运动之中，并借由运动汲取能量。

人生时有不如意：人生是一段奔流的历程，途中难免有不如人意之处——或许会留下创伤，但生命仍在继续，如滔滔流水，一旦止息，必生陈腐。朋友，请一往无前，因为每一段经历，实则都是一种收获。全力以赴吧，毕竟人生就是这样，美好有时，艰难有时。

生命的钟摆自有平衡：清静节制，乃细水长流之道。世间万物唯有核心不坏，因为生命的钟摆自有平衡，而那平衡就是万物的核心。

柔顺则生：贵柔守雌。人之生也柔弱，其死也坚强。[①] 柔顺则生，刚强则死，人之身体、思想、灵魂，概莫能外。

以生活为师：生活本身就是你的老师，你总是处于不断学习的状态中。

活着就要创造：活着就要表达，表达离不开创造，创造绝不是单纯的重复。因此，活着就是要借由创造，自由地表达自我。

生活的历程：生活是个滚滚向前的过程，个人应随流其中，摸索出自我实现和自我发展之道。

生命的一体性：唯有断灭"有我"——以为存在一个单独的自我独立于众生之外——的邪见，才能彻底理解所有生命实为一体的真谛。

简单的生活就是完美的生活：简单的生活返璞归真，绝巧弃利，绝圣弃智，少私寡欲。这种生活看似残缺，实则圆

---

① 语出《道德经》第七十六章。——译者注

满；看似空虚，实则充盈。明亮如光，却不锋芒夺目。简而言之，它是一种和谐、统一、知足、宁静、坚定、开化、平和、长寿的生活。

生命只能经由每时每刻去理解：生命没有答案，只能在每时每刻中加以理解——而我们所找到的答案，总是不可避免地遵从我们所熟悉的模式。

享受自我：记住，朋友，尽情享受你的计划和成就。生命短暂，经不起消沉。

存 在

存在与反存在："存在"的反义词是什么？最容易想到的答案或许是"不存在"，但并不准确。"存在"的反义词当是"反存在"，就像"物质"的反义词是"反物质"一样。

存在先于意识：最根本的实在不是思想，而是存在，因为有些人并不思考，却照样存在。纵然这等存在，兴许算不得有血有肉。想想看！我们每每试图用理性去分析婚姻生活时，都是多么的矛盾！

动态的存在：存在绝非静态，因为静态缺乏连续性。

"我在，故我思"："我在，故我思"[①]才是真理，哪怕不是每件事，我们都要思考一番。有意识的思考岂不基于有意识的存在？不依附自我意识，不依附人格个性，思想怎能独立存在？不依托感知，不依托可感可知的各类物质，知识又怎能独立存在？难道我们对自己的思想无知无觉吗？难道我们在按照自身的认识和意愿行动时，觉察不到自己的存在吗？

存在与认知的基本关系：怀疑即思考，故思考的存在是寰宇间唯一无法否认的事，因为否认也是一种思考。一个人认可思考的存在，就等于认可了其自身的存在，因为世间没有哪一种思考，少得了思考的主体这一要素。

时　间

过去、现在和未来：朋友，在回忆过去时，定要想想那些愉快、有益和满足的历程与成就。至于现在？请视之为挑战和机遇，以你的才能和干劲，定能有所斩获。而未来，待

[①] 原文为拉丁语"Sum, ergo cogito"，英译为"I am, therefore I think"。——译者注

得天时地利，你的一切雄心壮志都将尽在掌握中。

刹那永恒："刹那"没有过去，也没有未来。它并非思想的产物，故而不受时间限制。

知识、认知与时间：知识，毋庸置疑，总是与时间息息相关，认知则不然。知识源自资料、源自积累、源自结论，而认知是一种人类活动。

摆脱时间的束缚：追求自由，必须学会用心观照浩瀚流转、不受时间束缚的生命长河，因为真正的自由远超意识的理解范畴——悉心静观，切勿停下来诠释你已获得的自由，否则你将只能活在与自由失之交臂的追忆之中。

利用时间与虚掷时间：利用时间是指以特定的方式过日子。虚掷时间则指不加考虑、随心所欲地混日子。我们的时间不是利用，便是虚掷，全赖我们自己的抉择。但时光一去，永不复返。

时间的价值：时间于我甚是宝贵，因为如你所知，我也在继续学习，经常沉浸在不断成长和化繁为简的喜悦之中。若你热爱生命，切莫虚度光阴，因为生命正是由时间构成。

时间与哲学：近来我唯一的麻烦是时间紧张，每年都要马不停蹄地在洛杉矶和香港之间往返四五次。如此谋生，真叫人精神崩溃。不过，好在华盛顿大学的哲学课，早令我的精神有备无患。

根　本

生命之本：请尽你所能地理解生命之**本**，不论是**间接**抑或**直接**地理解，均圆融如一。"若见一切法，心不染著……用即遍一切处，亦不著一切处……"① 心于六尘中无染无杂，方得自在。心无所住，即是生命之本。

专注为本：专注是人类所有高等能力的**根本**。

寻求对根的理解：讨论一片叶、一截枝、一朵你喜爱的花均无意义。待你看清了根，自然就能看清它所生发的一切。

根与枝：我们追寻的是**根**，不是枝。根乃真知，枝乃浅见。真知可以培养"身体感觉"和个性表达；浅见只会滋生机械的条件反射，束缚手脚，扼杀创造力。

---

① 语出《坛经·般若品》。——译者注

从根上展现你的存在：抓住合适的时机，敞开心扉，从根上展现自身存在的全部魅力。

以根为始：根是你表达自己灵魂的支点，也是一切外在表现的"原点"。根正，则枝繁叶茂；若小觑根本，致使本末倒置必不可取。

当　下

当下即真实：今夜我对某些事情的看法焕然一新，我的内心也为之一新。可待到明日，这种体悟就将僵化，因为我会想要重复那种感觉、那种快乐——而再现，从不真实。只有当下洞察的真理才是真实的，因为真理无关未来。

现在即一切：除了此时此地，一切皆不存在。

当下包罗万象：过去已经过去，未来尚未到来。而**现在**则包含着体验、参与、现象、意识，它们协调共生，构成你此刻的存在。

随流当下之境：我们永远身处变化之中，**无物**永驻。摆脱内心的僵化，方能顺势而为。朋友，**敞开**心胸，保持流动。**以全然开放的心态，流动于生命里的每一个当下**。只要你的内心无有凝滞，外在之物必将自现于前。行如水，止如镜，反应如回响。

全心全意关注当下："实然"与"应然"之间存在一段距离。请全心全意地关注当下，而不是那些刻板的成规。

你无法左右现状：在前行的途中，你能否既不抱怨，也不辩解，只是意气风发地一往无前？你无法请风入户，但务必要为之留一扇窗。

活在当下：竖起耳朵，你能否听到风声？听到鸟鸣？你必须懂得倾听。清空思绪。想想水是如何注满杯子的？它**成为了杯子**。你也得一念不生，化身成无。

当下即自由：我无法遵循死板的时间表生活。我尽量自由自在地度过每时每刻，顺其自然，随遇而安。

当下即创造：活在**当下**，你才能创造。

当下即发明：活在**当下**，你才能发明。

活在当下，无有焦虑：活在**当下**的人，不会心生焦虑，因为他的激情正一刻不停地转化为行动。

"现在"的同义词：下列说法皆属同义——
- 活在**当下**。
- **成熟**。
- **真实**。
- 对自己的行为/人生负责。
- 反应——能力。
- 拥有切合**实际**的创造力。

死于昨日，方能活在当下：断灭昨日种种，才能理解现在，活在当下。每获得一次新的人生体验，便随之死去一次——对**当下**不带任何取舍之心。

当下不可分割：当下圆融完备，不存在割裂的意识，也无法分割。事物的完整性一旦遭到破坏，便不再成其为整体。譬如汽车拆解后，散碎的零件纵一件不少，却也不再是汽车，丧失了过去的功能和形态。

现　实

物质与能量一体：在原子物理学中，物质与能量别无二致，无从区分，因为它们本质上是一体的，抑或是同一单位的两极。因此，现在与机械科学时代不同，重量、长度、时间等概念都不再拥有绝对的定义，爱因斯坦[①]、普朗克[②]、怀特海[③]和金斯[④]都曾证明过这一点。

西方视角下的现实：西方多从理论层面探索现实，其理论往往立足于对现实之否定——探讨现实，围绕现实进行推导，捕捉我们所感知到的一切，理性地将分析对象从现实中抽象出来。

"空"是一种过程：言及科学，我们免不了要回头看看苏格拉底之前的哲学家，赫拉克利特[⑤]。他认为一切皆流、皆变，皆是一种过程，不存在真正的"物质"。**"无物"**在东方语境下称之为"空"。而西方则认为"空"是一种空洞，是空白，是不存在。而在东方哲学和现代物理科学中，这种空

---

① 阿尔伯特·爱因斯坦（Albert Einstein，1879—1955）：犹太裔物理学家。——译者注
② 马克斯·普朗克（Max Planck，1858—1947）：德国物理学家。——译者注
③ 阿尔弗雷德·诺斯·怀特海（Alfred North Whitehead，1861—1947）：英国数学家、哲学家。——译者注
④ 金斯（J. H. Jeans，1877—1946）：英国天文学家、数学家、物理学家。——译者注
⑤ 赫拉克利特（Heraclitus，约公元前544年到前541年—约公元前480年）：古希腊哲学家，"万物皆流"是其核心思想之一。——译者注

无一物之"空",乃是一种过程,永不凝滞。

"是"与"应","实然"与"应然":**"实然"**比**"应然"**更为重要。然而绝大多数人却总站在"应然"的角度去看待"实然"。

西方哲学对现实的否定:西方多从理论层面探索现实,其理论往往立足于对现实之否定——探讨现实,围绕现实进行推导,捕捉我们所感知到的一切,理性地将分析对象从现实中抽象出来。这类哲学开篇便声称外部世界并非基本事实,其存在值得质疑,而那些对外部世界的实在性予以肯定的见解都模棱两可,有待进一步拆分、剖析和梳理。他们有意置身事外,化圆为方。

现实没有定法:切莫把现实简化成静止不变的东西,然后创造一种解读现实的定法。

现实与感知:二者的区别在于——
- 世界。
- 我们对世界的反应。

经历决定认知:饱汉不知饿汉饥。

努力住于"当下"：切勿放任散漫，或行或卧、或坐或躺、或默或语、或饮或食，都要尽力感悟"当下"。

事物的形式实在性：任何存在之物都有其实在性。抽象事物不具备形式上的实在性。

因果：事出必有因。

因果律的实在性：原因和结果一样实在。

物质的共性：所有物质本质相同。因此，一节见则百节知。

形式实在等于客观实在：有多少客观实在之物，就有多少种形式实在。

物质与对确定性的追求：在科学界，我们始终致力于探寻最终极的物质构成。但我们将物质分解得越细，就越是不断发现新物质的存在。我们发现了运动，而后发现运动即能量：运动——作用——能量，但并不涉及任何具体事物。新事物的产生，或多或少都是源于人类对确定性的追求。我们可以将已掌握的理论，与别的东西结合起来，应用于实际。理论和具体事物相互组合后，就可能催生某种新事物。

"这种新事物"就是一种实在,因此,即便是一个抽象名词,最终也可以转化成一种实在之物。

沉心静观:现在,止心息念——当你的心完全停歇下来,变得非常平静、明澈,才能真正着眼于"当下"。

拭去先入为主的尘埃:拭去我们自身积累的尘埃,彰显自性的本来面目,如其所是,如其所真,与佛教的空观不谋而合。

条条框框蒙蔽现实:我们无法看清**事物**的本质,是因为我们所受的教化会曲解现实。

真如与思想:真如即不生妄念,不能凭概念和思想去认知。

停止比较,本真自现:唯有彻底放弃比较,才能看清"实然"。而能够活在"实然"之中,才是真正的宁静。

现实存在于"本然"之中:现实指的是事物的"本然",现实也就存在于这种"本然"之中。因此,"本然"意味着拥有最根本的自由,不受执迷、限制、偏见和繁杂的拘束。

法　则

自我意志的法则：拥有自我意志的人，遵循与众不同的法则，在我看来那也是绝对神圣的法则——他自己的为人之道，他独立的个人意志。

因果律：人生中的每一件事都有因可循——掌控权尽在你手。

同一律：依据逻辑学同一律（A 就是 A），可知每句逻辑论述都非真即伪，不存在亦真亦伪的论述。

中和法则：中和法则强调顺应而非反抗对手的力道。凡事发乎自然，无论如何切勿强为。

无为法：无为是道家的基本原则，讲究顺应天道，勿背道而行。顺从万物的自然变化以自保，不要横加干涉。记住，永远不要对抗自然，直接硬碰硬，而要因势利导地控制局面。

依　存

二元论与一元论：二元论哲学思想一度盛行欧洲，主导了西方科学的发展。但随着原子物理学的出现,许多基于实验的新发现逐渐推翻了二元论,自此,哲学思潮又倾向于回归古代道家的一元论思想。

思想与存在相互依存:如果思想存在,那么正在思考的"我"与我所思考的"世界"也一并存在;二者相互依存,不可分离。因此,世界与我息息相关,我眼观世界,世界存在于我眼中。我因世界而存在,世界亦因我而存在。如无可看、可思、可想之物,我也就无从去看、去思、去想。换言之,我便不复存在。主体与客观世界相互依存,是确凿而首要的基本事实,二者不能脱离对方独立存在。若我不能思考客观对象、客观环境,我对自己也将一无所知。除非思之有物,否则我就无从思考——正是思考外物,令我发现自我的存在。

主体与客体的关系:不论你思考的对象是一种感情还是一支蜡烛,单单讨论意识的对象毫无意义。客体必须要有相应的主体,主客互补(不是对立),就像世间万物一样,是一个整体的两半,相互作用。若以圆喻,即便是运动中的圆,只要盯住圆心,核心两侧必一模一样。非是我身处经历之中,我本身就是那经历。我不是经历的主体,我是经历的结果。我即意识。若然无我,一切皆不存在。

主客关系与"水中月":水中月的意象好比人之体验。水是主体,月是客体。没有水,便没有水中月,反之,没有月亦然。待到月升,水不会刻意去承接月影,而即便水面再狭小再稀少,月也不会刻意去留下倒影。只因水无蘸月之意,月无分照之心。"水中月"是水与月共同作用的结果,水展现了月的光辉,月证明了水的清澈。

道家的依存思想:随着针灸的起源和发展,道家哲学也相应成形,其本质乃一元论。中国人认为整个宇宙由阴阳两极化生而成,阳者积极,阴者消极。他们认为世间万物,不论有无生命,皆因这两种力量不断地相互作用而存在。物质和能量、阳和阴、天和地,本质上都被认作一个整体,或是一个整体不可分割的两极。

空

空:空介于此岸与彼岸之间,包罗万象,无有对立——无物非空,无物不空。放大光明,照耀于世,超越一切对立运动。

有生命的空:"空"自有生命,因为它是世间一切形式的源头。凡了悟空谛者,必将充满生机、活力与慈悲之心。

空乃创造之源：最原初的创造力能影响一个人的方方面面，远非局部。这种创造力未受思想染浊，是由内而外涌出的创造源泉。

空与无：无即"无物"，只有源源不绝的过程。当我们**接纳**并接近无（即空），沙漠也能变作绿洲。原本抽象的空**逐渐充盈起来**，变得实在，化贫瘠为富饶，而我只须任其流转。无即是真。

空的两面：空（无念）或许可以从两方面阐释——
- 空即是空。
- 空即觉悟，说得不恰当一点，这种觉悟"存于我们的内心"，或者确切说来，其实是我们"存身其中"。

超越常人理解的本质（无住）：万物的本质超越常人的理解，不能用寻常的时空观去看待。因为它超越了所有相对的存在形式，故名"无住"，即不住于任何一处而起执著。

死 亡

勿忧死而忘生：我并不清楚死亡意味什么，但我并不惧怕死亡——我会一往无前，永不止步。即便有朝一日，我李小龙不幸壮志未酬身先死，我也丝毫不会后悔。我做了我想做的事，而我所做过的每一件事，都倾尽全力。你不能对生活奢望太多。

死亡之路：古往今来，英雄的结局也与凡夫无异。身亡命殒，在世人的记忆中渐行渐远。

接受死亡：不再幻想春天能永无完尽，便会明白寒来暑往才是造物主的恩赐。

死亡的艺术：世人皆有争胜之心，却从不愿接受失败。接受失败——向死亡学习，才能从中获得解放。一旦你接纳了这一切，心便能和谐自由地流动，最终借由流动臻于无心之境。放下你的欲望，学习死亡的艺术吧。

送别挚友：此时此刻，你我行将永别。我的路在这头，而你的，在那一头。我不知明天的路会通往何方，也不知将来会过得怎样。

回忆的可贵：回忆是唯一不会驱逐我们的天堂。欢愉如花，转瞬凋谢；回忆如香，持久芬芳。回忆比现实更长久，而我多年来只珍藏鲜花，从不保存果实。

第二章

人

人

认同你的人性：你可知我是如何看待自己的？一个普通人。

人之大用与责任：真心诚意地发挥潜力，实现自我，是"优异"之人肩负的大用与责任。内心的能量与强健的体魄能引领你实现人生目标，从而切实履行你对自己的责任。

人类善于整合：我们不分解，我们**整合**。

人的目标：人的目标——实现自我。

虚伪的人：我最厌恶那些吹嘘自身能力和用虚伪的谦逊来掩盖不足的人。

多米尼加共和国：我喜欢这个国家，喜欢这里的人民。多米尼加人性情纯真，不似大城市的人那般伪善。

人的天性：饮食、睡眠、维持身体机能、繁殖皆是人之天性。人是情感性的存在，也是创造性的存在。

人是自然本能与自我控制相结合的产物：人既有自然本

能，也有自控能力，你要善于平衡。若走极端，一端违反科学，另一端又会使人沦为机器，毫无人情味。故最上之策是两相结合，既不纯粹地遵循天性，也不一味地悖逆天性。最理想的状态是寓自然于不自然，融不自然于自然。

人是创造性的动物：人与其他动物的不同之处，正在于我们的创造力。

发挥潜能：促进自我成长，发挥自身潜能需要——
- 扮演一定的社会角色。
- 弥补性格缺陷，再度变得完整。

我们潜力无限：事实上，我们每个人都只发挥了自身潜能的一小部分，原因在于——
- 你不允许自己彻底做自己。
- 社会不允许你彻底做自己。

说与听：大部分人只顾说话，不懂倾听。少数人只知倾听，不善言辞。唯有极个别者懂得兼顾之道。

人类最基本的道德难题：究竟什么才是正确的（公义、伦理、道德，等等）？

忠于自己，能让你成为一个"真正"的人：别管那么多，你就是你，拒做傀儡，在不断成长为一个"真正"的人的过程中，忠于真实的自己是重中之重。我期待有朝一日，你能听到有人对你说："嘿！好小子，活得**真实**！"

行　动

信念务必践行：光是知晓是不够的，得致知于行。光是渴望是不够的，得亲力实现。

行动是培养自尊的捷径：行动是培养自尊自信的捷径。行动所向，一切能量皆汇流于此。行动最容易为大多数人所接受，其回报看得见摸得着。

唯有行动，赋予生命力量：只有行动才能赋予生命力量，正如只有节制才能赋予生命魅力。

勿空想，要行动：人生的首要任务不是好高骛远，而是践行当下。

重在行动：人生重在行动，而非收获。重要的是行动，而非行动者；重要的是经历，而非经历者。

人的目的是行动：虽然思想最为神圣，但人的目的终究意在行动，不在思想。世上很多人触不到问题的核心，仅从理智的角度（并非发自真心）谈论他们五花八门的构想。夸夸其谈，却从不落实，从未完成。

　　行动的回报：力行者自学成才。

　　行动的身心两面：每种行动背后都有其相应的精神"运动"。

无为（自然之为）

　　无为即自然之为：《道德经》的基本思想是追求无为的**自然主义**，不做任何悖逆天道自然之举。讲求自性自发，"辅万物之自然"①，而任由"万物自化"。因此，"道常无为而无不为"。②

　　生活中的无为之道：日常生活中的无为之道讲究"生而

---

① 语出《道德经》第六十四章。——译者注
② 后两句引语见《道德经》第三十七章，原文为："道常无为而无不为，侯王若能守之，万物将自化。"——译者注

不有""功成而弗居"[①]——可见,"道"超然于规则、仪式等所有人为形式之外。这也是道家反对形式主义和人为主义的原因。

切勿过早自损:万物守恒之理,表现为各种形式永无止境地聚散。人也应宠辱不惊,相信自己,韬光待时。

无须特殊修行:除日常生活之外,再无须任何特殊修行。

韬光养晦:守静以待天时,强者尤应具备柔韧之心。不必忧虑壮志难酬,只管潜心韬光养晦,切勿急于用强。

柔顺乃自然之道:众所周知,无为,并非无所作为,而是不争执、不妄为。所谓"中道",指既不抗拒亦不回避,柔顺,如风中芦苇。

无为即自在生发:自然(道)乃是自在生发的最佳写照。自在生发是真正的自然之道。其次,才是有计划、有安排地针对择定的目标展开行动。而不论这类行动如何行之有效,却都是有悖自然的强为,故人为即伪。

[①] 语见《道德经》第二章,原文为:"是以圣人处无为之事……生而不有,为而不恃,功成而弗居。"——译者注

顺势而为：身陷困境的人难以独立自主，容易落于从属地位。所谓"先迷失道，后顺得常"[①]。君子顺势而为并非盲从，而是懂得审时度势。

勿索求，只顺应：不必苦苦索求，放下执念，它自会来临。顺其自然，勿索求，勿逃避。

无为的原则：无为是自然而然的最上之法，是没有任何预设的自然之为。无为注重与自然和谐相处的精神，讲求清静而不横加干涉，是不争之举。无为乃养性之道，浮沉自如，细水长流。无为即"无所强为"，凡属刻意为之都必将失败。

无为是创造性的本能：无为之道本质上是一种创造性的本能，能够挖掘人的内在源泉。人们惯常采取的判断性行为总是基于概念和理性，不可能洞悉创造力的奥秘。判断性行为经由理智观测得出，而脱离判断的自然之举则源自内心的灵光。前者拘束而有限，后者自由而无穷。

心　灵

智慧的心灵学而不厌：智慧的心灵学而不厌，从不轻下

[①] 语出《周易·坤卦·象传》。——译者注

结论。一切风格和模式都已盖棺定论,不再是一种智慧。

慧心即求知心:慧心即**求知**心,它不满足于诠释和结论,也不会盲信,因为盲信亦是另一种结论。

心灵的修养:一而不变,**静**之至也;无所于忤,**虚**之至也;不与物交,**淡**之至也;无所于逆,**粹**之至也。①

你是自己心灵的主宰:我曾一直受制于环境,因为我一度以为人无法不受外境左右。而现在我明白,我有能力主宰我的内心,外境不过是相由心生。

心态开放的益处:杯子的用处正在于它的空。空即圆满——心灵的圆满,身体的圆满。

解放心灵:追求自然和谐的心境,必须摆脱一切对立观念的侵蚀,不再受制于外界的干扰,观照万象而无挂碍。莫以智识刻意追求清净心,清净心本无所谓否定或接纳,而是观照世事如其本然。

所有思想都是片面的:所有思想都是片面的,不可能面

---

① 语出《庄子·外篇·刻意》。——译者注

面俱到。思想是对记忆的再加工，而记忆总是片面的，因为它源于个人经验，因此思想实是受经验制约的心智反应。

狭隘的心灵无法自由思考：为了能自由思考，必须敞开心胸，因为狭隘的心灵无法自由思考。

心应万法：江水奔流不息，月亮却静默如一，恰如心应万法而未曾一动。

别受学习奴役：学习固然重要，但不得为学之奴。切忌执迷于外在的累身之技，心才是根本。

看源于内心：用心去看，才能对看见的东西，迅速做出恰当的反应——看源于内心。

心是终极存在：心是一种终极存在，它既能意识到自身的存在，又超脱于经验意识之外。换言之，心并非"拥有"意识，心"即是"意识。

心是动态的空性：所有的行为均出自空性，这种动态的空性就被称之为心。更进一步讲，空性中没有欺骗，没有以自我为中心的行动动机，因为"空"即虔诚、真实、坦率；空性与行为之间间不容发。

不要指挥心灵：在消极与积极之间持守中道，不要再将你的心引向别处。

心本不动：心本不动，道素无思。

以无心之心顿悟真理：全神贯注地保持警醒，以顿悟无处不在的真理。为此，心必须摆脱固有的习惯、偏见、局限性思维，乃至摆脱思考本身。

培养警醒之心：保持警醒意味着时刻认真以待，认真意味着与自己坦诚相见，而坦诚正是得道之路。

知见关乎心灵：知见即认清心灵的空寂平和；顿悟即看清自性非后天造作而成。

知识属于过去：知识属于过去，学习属于现在。学习是不断与外在事物保持联系的过程，永远不会成为过去。

心灵活力无限：心灵拥有无限活力，不受任何阻碍。

纯正之心：纯正之心不为情绪左右，无所恐惧、愤怒、悲伤、忧患，乃至好乐。若心不在焉，则视而不见，听而不闻，食而不知其味。

思　想

诚心正念：诚心正念务必集中精神（静思默想），心有旁骛则失真失诚。

知行合一：正所谓知行合一，一个人的内在想法与外在表现不可相互矛盾。因此，人应自行树立正确的准则，并受其影响躬身践行。

学习不是积累：积累知识的过程，无非是机械地死记硬背。学习不是积累，而是一个无始无终的认知过程。

思想绵延如溪：思想一刻不停地往前流淌，是人天然的本性。前念、今念、后念，念念相续不断，绵延如溪。

想象力：要实现我的愿望，必须制订全面的计划和目标，为此我将日复一日地拓宽我的想象力，制订出更完善的计划。

记忆力：拥有敏锐的头脑和记忆力至关重要，我将努力使二者变得敏锐，把所有值得回顾的想法清晰地刻在脑海里，并与我经久不忘的事情联系起来。

潜意识：潜意识会影响人的意志力，我会认真勾勒一幅清晰而明确的人生蓝图，理清我人生的主要目标和为实现主要目标而设下的诸多次要目标。我将日复一日地反复琢磨这张蓝图，使之融入我的潜意识！

回想和预判：回想和预判是人类有别于其他低等动物的高级意识。在实现特定目标时，这两种思维必不可少，但若事关生死，就不应依赖回想和预判，以免搅乱自然的心流和迅疾的本能行动。

知识：对以前所学资料的记忆。

理解能力：运用所学分析事物及其发展趋势，进而抓住事物本质的能力。

应用能力：在实际情况下，施展所学的能力。

分析能力：分解事物，进而理解其组织结构的能力。

整合能力：将部分组合成新整体的能力。

评估能力：将部分整合起来，有针对性地评估其价值的能力。

念与真如：真如即是念之体，念即是真如之用。[1] 除真如外，再无二念。如如不动，而动用无穷。

概念（抽象）

概念与理解：若你只学习概念，研究资料，便谈不上理解，充其量只会解释。人一仰仗思考，便与想要理解的东西背道而行。

摆脱概念，用自己的眼睛看清真相：真相就在**此时此地**，看清它只有一个条件：自由开放，不受任何思想、概念的束缚。我们也可以继续练习、分析、四处求教等等，直至精疲力竭，但这一切都注定徒劳无功。只有当我们停止思考、顺其自然时，才会真正有所见、有所得。内心平静下来，不再躁动不休，方能生出无思无想的清净心。而**理解**的灵光只迸发于这种思想的间隙——理解绝非思考。

平衡思与行：若你对一件事思虑太过，就永远不可能付诸行动。

---

[1] 语出《坛经·定慧品》。——译者注

抽象思维蒙蔽你的生活：总是依赖你的头脑，你的能量就会耗费在思索上，视觉和听觉反而钝化。若不直接观照现实，一味沉溺理论，终将不可自拔，陷落樊笼。

概念与自我实现：与其把生命奉献给一个"你应该是什么样子"的概念，不如做你自己。成熟不是成为世俗观念的俘虏，而是要实现内心深处的自我。

生活强胜构想：若我放纵自己沉迷于塑造形象的虚假游戏，那这段话写起来就没这么费劲了。但幸运的是，我对自我的认知已超越了那种境界，我已明了与其构想生活，不如实实在在地过好生活。若你还在思考，那你便仍未了悟。

念念不住：无念宗①，讲究念念不住，于诸境上心不染著，于念而无念。

概念妨碍感受：别思考，只**感受**。摆脱想法和概念的搅扰，才能感悟此时此刻。在我们放弃解析、停止思考的那一刻，方才开始真正地去看、去感受完整的当下。主体与对象皆不存在，有的只是感受本身。我与我的感觉同在——绕

---

① 无念宗即六祖慧能创设的顿教法门，"立无念为宗，无相为体，无住为本。无相者，于相而离相；无念者，于念而无念；无住者，人之本性"。——译者注

过言语，体悟一切。最终，我与感觉合为一体。人我无别，勘破求取外物、利用外物的妄念。在那一刻，我已"无我"（更何谈思想），万象归一。

抽象分析寻不到答案：我们总爱审视自己的情绪，妄下断语。殊不知以置身事外的姿态去窥探内心纯属徒劳，心中的一切都会躲你躲得远远的。正如那些说不清道不明的"幸福感"，一旦你想去确认，便犹如点着灯去寻找黑暗。你一分析，它便消失。

知　识

尝试诠释真知：知觉的对象无时无刻不在变化，感受、品尝、亲身实验等均为教条，夹杂着谬误，并非真知。因此，知觉的对象并不在真知的范围之内。

知识不仅仅是感知：知识的对象必须实在，比感知的对象更完整、更理性、更稳定。

知识与品格：知识给你力量，但品格为你赢得尊重。

学习：学习就是发现，发现我们无知的症结所在。然而，最好的学习方法不是处理信息，而是发掘我们内在的本真。释放自身能力，开拓自身眼界，从而发现自己的潜力所在，看清时势，因势利导地施展所长，找到突破困境的方法。我敢断言，这种学习方法无时无刻不为人所用。

观　念

创意的价值：创意是一切成就的伊始，各行各业，概莫能外。

创意成就美国：美国注重创新，正是这些创意之想成就了今日的美国，一个好点子能助一个人达成毕生所愿。

创新总会有斩获：勤劳节俭的确能造福生活，但唯有那些敢为天下先的创新之人才能收获真正的财富。

简单观念与简单印象：简单观念是简单印象的再现。譬如，我看见一些激动人心的东西，深受触动。基于这一印象，我随后会形成相应的观念。因此，简单观念是对简单印象的直接复制，二者无法分割，是一个统一的整体。

复合印象与复合观念：虽然复合印象与复合观念往往也

是一种再现关系（复合观念是复合印象的再现），但在一些特殊情况下仍有例外。譬如，我可以想象一处我从未去过的地方，抑或一位蓝色盲患者，可能借由对其他颜色的认知来建立蓝色的概念。

三种观念：先天观念（天生的）、外来观念（源自外部事件）、人为观念（人造的）。

理念的四原则：形成理念的四条原则是——
- 挖掘人的需求和未解决的问题。
- 掌握问题的所有要点。
- 破旧立新。
- 相信你的理念——付诸行动！

形成理念的五步骤：
- 收集信息。
- 消化事实。
- 顺其自然，暂时搁置一旁。
- 当灵感出现时，抓住这一新想法。
- 打磨你的理念，运用到实际中去。

培养创新的态度：培养创新的态度，须专注地研究可行的**解决方案**；探寻**事实**并且深思熟虑；写下那些或明智或疯狂的**想法**；让事实与你的想法在脑海中慢慢**酝酿**；评估、反思并最终定下你的**创意**。

融入感情的想法终将成真：任何念头，只要在你脑海中徘徊不去，被你赋予了情感色彩，就会立即开始转化成一种便捷合适的可行之法。

观念本身并无对错：对错源于判断。观念本身并不会出错，错在判断失误。

觉　知

觉知是通往真理之路：通往真理之路，无关信仰也无关方法，重在觉知。觉知是一种自然、柔和、没有分别心的意识状态。

觉知是持续不断的认知：我们追求的不是一刹那的觉知，而是持续不断地认知，孜孜不倦地探索而又不轻下定论。

绝妙的心智训练：当你清醒时，保持全面的觉知，留心每一件事，这是一种绝妙的心智训练。

觉醒的心灵才能理解真理：真正的理解不含苛责，也不要求人应如何行动。你只须观察——注视它，觉察它。一颗觉醒的心必定生机勃勃、运动不休、精力充沛，唯有这样的心灵才能理解真理。它不会戴着有色眼镜观察世界，它只求看清事物最初的天性。

感知即感知万物的存在：我们身边总不乏这样那样的存在，它们是感知的对象。我们的感知虽由物理对象引发，但并不全然等同于物理对象本身。事实上，所谓经验，也可以看作是对物理对象的长期感知。

感觉资料与感觉对象的关系：感觉资料反映了物理对象的部分外在表现，二者相互作用，你不能分开来看，我们所感觉到的一切都要受物理对象的影响。

关于感知的哲学问题：为了让我们能感知世界，这个世界必须满足怎样的条件？而我们究竟感知到了什么？

感觉资料与感知：感觉资料源于物理对象。要理解我们眼前的客观对象，必须动用理性和理性思维。譬如，我说"我看见一个T"，意思是这里存在一个T。"T"即我所看到的对象，而我认出这是字母T，则是我对对象身份的辨识和推理。

觉知的三个层次：觉知包含三个层次：对自我的觉知、对想象空间的觉知以及对客观世界的觉知。

恐惧与意识：畏惧痛苦，不愿经受一丁点儿磨难，是成长的大敌。如果你一感到不快，就即刻转移自己的注意力，便会落下畏惧的病根。所以，要克服恐惧，就要集中我们的意识（或注意力）坚持下去。

全面的理解是不加拣择的觉知：不加拣择的觉知——非二元论＋和谐一致＝**全面的**理解。不加拣择的觉知，源自纯粹且圆融的心灵。

奇迹近在咫尺：不加拣择地观照万物，奇迹将近在咫尺。观照并非一种理想，一种期望达到的目标。它不是要"进入"某种状态，它本身"已是"圆满的状态。

做冷静的旁观者：做一个冷静的旁观者，静看自己生命中发生的一切。

觉知是没有分别心的意识：有一种意识状态，它不起分别、不带目的、不生焦虑，是谓觉知。唯有这种觉知，才能解决我们所有的问题。

不加拣择的觉知，就是不加评判的观察：不加拣择的觉知——不批判，不辩护。只有在不受干扰的情况下，我们才能自如地觉知当下。

勿从结论出发：毋庸置疑，理解需要一颗不加拣择的心，没有高下、好恶之分，也不会对事情的进展预先怀有赞同或反对之见。总而言之，不要从结论出发。

"纯粹的见"：观照事物的空性，才是真正的看见，这种"见"是心无所住的结果。"纯粹的见"并无主体与客体之分，故虽见而又实无所见。

自我（自我意识）

摒除成见：切勿固执己见，释放自我、专注自我、表达自我，丢弃那些不符合你真心的假象。

自我是妨碍接纳的迷障：自我牢牢地阻碍了来自外部的东西，正是这种"我执"使我们无法全盘接纳眼前的一切。

谈才能：常有人跑来问我："李小龙，你真的有那么厉害吗?"我回答说:"如果我告诉你我真有本事,你多半觉得我在吹牛。但如果我跟你说我不行,你势必知道我在说谎。"我相信我绝对不会是第二名,但同时我也深知天下本无第一。

谈社交:我不喜欢穿得西装革履的,出席那种人人都想出风头的场合。

谈自我:人应掌控自我,而不是被自我所掌控、所蒙蔽。

自我与自我暗示:自我完全是通过不断地自我暗示而成形的。

视自我如工具:唯物主义者仍坚持将自我视作自身的一部分,不承认它有如工具般可以为我所用,从而在精神上、心理上臻于"无我"。

住于清虚:在己无居,形物自著。其动若水,其静若镜,其应若响。芴乎若亡,寂乎若清。得焉者失。未尝先人而常随人。[1]

---

[1] 语见《庄子·杂篇·天下》,原文为:"在己无居,形物自著。其动若水,其静若镜,其应若响。芴乎若亡,寂乎若清。得焉者失,同焉者和。未尝先人而常随人。"李小龙摘录时对其略有删减。——译者注

谦恭：对长辈谦恭是本分，对平辈谦恭是礼貌，对晚辈谦恭是高尚。对所有人谦恭，则是自保之道！

摆脱自我意识：人强烈的自我意识会占据他全部的注意力，从而干扰他自如地发挥已经掌握或即将学成的技艺。所以一定得摆脱自我意识的干扰，以平常心做自己应做之事，仿佛并无什么特别之处。

大多数人受困于自我意识：大多数人宁肯受困于自我意识，受困于他人的眼光，也不愿承认自己的蒙昧，从而明心见性——这其实是一种恐惧的心态（逃避）在作祟。

涅槃的秘诀乃不自觉之自觉：自觉之不自觉，或是不自觉之自觉，即是涅槃的秘诀。这样的修行极其直接，理性在其中无处立足，也无法将其分割。

我执：人的自我意识根深蒂固且极具控制欲，常打着"自我解放"的名义，反过来巩固自我的存在，诡计多端地以追求空性与无心为借口哄骗我们的真性，而这种"空"实际上仍是一种"有"——追求空性本身就是一种有，是一种"攀缘"。

自我界限：自我界限是自我与他者之间的分界。倘若自我界限始终固定不变（实则不然），那它就会成为一种稳定的性情，一副犹如龟壳般的重甲。

自我界限之内外：自我界限之内充盈着凝聚力、友爱与协作。而自我界限之外则满是怀疑、冷漠和生疏。

化身木偶：将自身化作一个木偶，无我、无思、无执著、无攀附，让肢体依照以往的训练自发而动。

自我意识与两面性：自我意识具有两面性，一者它能将自身投射在种种外物上，以实现主体的客观化，二者它也能将自身从过去的束缚、长久的心理习惯和对回忆的执念中彻底解放出来。

超越自我意识：人必须克服的意识，正是他的自我意识。内在的觉悟会让人明白，并非是"我在做某事"，而是"这件事正经由我而完成"，或者说是"身体自发地为我去做"。自我意识是搅扰身体自然运作的最大障碍。

看透自己：只有看透自己，才能看透他人。

追求通透："无我"令人通透，"有我"使人浑浊。

专　注

反思专注：专注意味着排斥，而这排斥的背后，必然存在一个贵同恶异之人。恰是这类专注的思考者、排他者容易制造矛盾，因为他心中有了一个中心点之后，也就有所谓偏颇、有所谓背离。

一味地专注是对生活的一种轻视：专注即缩小思维范围，但我们所关心的本是生活的整个历程。若单单只专注于生活的某一方面，便是对生活的一种轻视。

专注须觉醒：专注不同于集中注意力，唯有觉醒的心才能做到真正的专注。而觉醒包罗万象，无所排斥。

专注带来成功：缺乏专注是导致失败的一大主要原因。

理　性

理性——自然之光："自然之光"有时也被称作"理性（智慧）之光"。

跟随理性的指引：情绪不论积极还是消极，若不能善加引导、适当控制，都会变得十分危险。我会把我所有的愿望、计划和目标统统交由理性把握，跟随理性的指引去实现它们。

逻辑学：逻辑研究的核心问题是如何区分正确论证与错误论证。

逻辑学研究陈述句：逻辑学本质上只研究陈述句，即那些对世界提出某种主张或论断的语句。

逻辑学家：逻辑学家关心的不是推理过程，而是那些引发推理和终结推理的命题，以及命题之间的关系。

命题：命题非真即伪，非肯定即否定。

前提与结论：逻辑论证的结论是指经过其他命题证实的命题，而其他命题则是用以证明结论可信的证据及理由，即前提。但单独存在的命题，既不能作为结论，也不能作为前提，理由如下：
- 前提——论证中的假设条件。
- 结论——由假设前提推导而来。

推理的艺术：推理指的是由一个或几个已知的判断，推导出另一判断的过程，而那些已知判断即是推理的起点。

论证：论证涉及多个命题，其中一个命题要根据其他命题推导得出，而其他命题则能证实这一命题的真实性。论证的组成要素是：
- 前提。
- 结论。

论证的两种类型：逻辑论证有两种类型——
- 演绎论证。
- 归纳论证。

演绎论证：在演绎论证中，结论的真伪并不能决定该论证是否有效。而该论证的有效性也不能保证结论的真实性。

有效论证：有效论证的所有前提必须真实，从而保证结论也真实有效。

无效论证：论证前提并非全部为真时，该论证为无效论证。

直言命题：直言命题是对类别的判定，断定某个类别是否全部或部分包含在另一个类别中。在此列举一个直言三段论的例子：所有运动员都不吃素；所有球员都是运动员；因此，所有球员都不吃素。这一论证的前提和结论，就是对运动员和球员这两类对象的判断。

直言命题的四种标准形式：直言命题的四种标准形式——
- 全称肯定命题——所有 S 是 P。
- 全称否定命题——所有 S 不是 P。
- 特称肯定命题——有 S 是 P。
- 特称否定命题——有 S 不是 P。

一般认为逻辑学中的"有"，意为"至少有一个"。

后验：后验指——
- 从结果到原因的论证。
- 依赖经验的知识。

先验：先验指——
- 从原因到结果的论证。
- 不依赖经验的知识。

分析命题：分析命题必然为真，因为它的否定必然自相矛盾（例如，所有犬吠的狗都在犬吠）。

综合命题：综合命题不会自相矛盾，其否定命题亦然（例如，所有狗都在犬吠）。

全称：全称指——
- 不同对象的共性（如，红色是所有红色物体的共性），即"众"中的"一"。
- 针对某类对象全体的命题（如，所有 S 是 P）。

特称：特称指——
- 单独的、个别的，不涉及对象的整个类别和全体成员。
- 针对某类对象局部的命题（如，有 S 是 P）。

苏格拉底反诘法：柏拉图[1]笔下的苏格拉底，惯用一种特殊的方式，来表明他在某一问题上的立场。他的论证方式包括以下三步——
- 由假定的前提切入。
- 借由反复推理，引导对方。
- 得出他的结论。

驳倒苏格拉底反诘法：驳倒"苏格拉底反诘法"的唯一途径也分以下三个步骤——
- 证明最基本的大前提不真实。
- 证明由基本前提推导出的其他前提都符合逻辑。
- 则结论错误。

---

[1] 柏拉图（Plato，公元前 427 年—公元前 347 年）：古希腊哲学家，与其老师苏格拉底、学生亚里士多德并称古希腊三贤。——译者注

感 性

良知是你的领航员：我知道情感往往会冲动犯错，理性又常常缺乏必不可少的温情，以致我在做出判断时，公正与仁慈总顾此失彼。为此，我愿以良知为向导，明辨是非。不论要付出多大代价，我也绝不会对我的良知置若罔闻。

情绪的肌肉系统：每一种情绪都会引发相应的肌肉反应，焦虑就是一种被禁锢、被压抑的极端兴奋状态。

愤怒需要发泄：愤怒如不能发泄出来，不能自由地流露，就会转化成嗜虐、权力崇拜、口吃等其他形式的病症。

行为的动机：情绪是刺激我们行为的最大动机。

情绪与潜意识：由情绪激发的念头很容易进入潜意识，并主导我们的思想。

情绪或消极或积极：情绪有积极与消极之分，我愿养成习惯，每天多培养些积极的情绪，并将消极负面的情绪转化为有益的行动。

幸　福

　　幸福是衡量一个人道德水平的标准：衡量一个人的道德水平，可以看他幸福与否。越是品行端正的人，越容易幸福。因为幸福的同义词是良善的生活。

　　获得幸福：为了获得幸福，或者说为了恰如其分地生活，一个人必须有一定的学识，这样才谈得上思考、推理和创造。知识令人追求美。因此，凡为人师表者，必先学有所长。

　　单纯的快乐：我喜欢下小雨。它给人一种平静安宁的感觉，我常在雨中漫步。不过，我最爱的还是书，小说也好纪实文学也好，我什么书都读。

　　人生最幸是得一佳偶：在我看来，夫妻的婚后生活要么如天堂，要么如地狱。有些伉俪过得好似神仙眷侣，另一些则坎坷不断，而我非常幸运。我幸运，不是因为我的电影接连打破世界各地的票房纪录，而是因为我有一个好妻子——琳达。她独一无二。我为什么这样说呢？首先，我认为夫妻间应建立一种友谊，琳达与我便是如此，彼此理解，仿如挚友。我们共度的时光总是非常愉快。我今生最大的幸事不是拍了《唐山大兄》，而是得遇佳偶。

幸福需要行动：人人都有能力获得幸福，不过是要继续得过且过，还是行动起来去追求幸福，却是个问题。

恐 惧

解读恐惧：解读你的恐惧，是正视一切的开始。

智慧与恐惧：除灭恐惧，智慧自生。

敏锐与恐惧：如果你总是畏首畏尾，就不可能变得敏锐。

开创与恐惧：恐惧迫使人追随传统、依附权威，心怀恐惧便无法自主开创。

智慧与权威：内在权威——权威摧折智慧。

受辱若惊：受辱若惊，只因恐人轻贱。

自傲暗含恐惧与不安：自傲之人，看重自己在他人眼中的优越地位。这其中正暗含着恐惧与不安，因为一个人若看重受人景仰的地位，他端居高位后，自然会害怕失去这种地位。于是，保住地位就成了他的头等大事，从而焦虑难安。

惧怕不被尊重：真正的自我存乎内在。只有拒绝活在他人的眼光中，才能看清真正的自我。若全然独立自主，又何惧他人贬低。

越重视外物，便越轻视自己：我们应培养独立自主的人格，不受外在评价的干扰。我们越重视外物，便越轻视自己；越想受人尊重，便越无从自立。

意　志

成功的意志：意志塑人——有志者事竟成。

抱负：我的抱负都源自同一个念头——我知道**我能行**。我只是依心而行，并无恐惧或怀疑的杂念。

心灵的最高指挥：意志力犹如心灵的最高指挥，凌驾其余所有精神力量之上。我会日日磨砺自身意志，激励自己实现目标。我要养成良好的习惯，日复一日地将意志化为行动。

退让舒适而放松：退让是一种舒适的放松状态，柔似羽毛一般；是一种沉着的抽离之举，表面看似乏力，实则心怀谦逊而举止有力。摆脱焦虑，与自然和谐相处，顺应天道循环。

求胜之志："只要你真的想赢，你就能赢。"这句话告诉我们，求胜必须意志坚定，不论遭遇多少挫败、付出多少辛劳，不畏任何艰难险阻也要求得一胜。唯有为了梦想背水一战时，才能激发出这样的斗志。事实证明，运动员在身体到达极限后，若能突破极限，便能继续坚持到底。由此可见，仅凭泛泛的努力，无以挖掘和释放人体潜在的巨大能量。只有千百倍的付出、高亢的精神状态和不惜一切代价争胜的决心，才能激发出不同寻常的力量。因此，即便运动员已精疲力竭，但只要他决意取胜，他就能坚持下去，实现自己的目标。

道德与权贵：不义之财，纵然百万不取一厘。取义之举，纵然无利可图也义无反顾。

谈自由意志：自由意志是我们自身的意志，还是上帝的恩赐（这是中世纪的一个神学问题），抑或是受因果的支配（所谓"自由"不过是"偶然"所致）？如果人类的行为全受制于因果，那么问题就来了，这世上没有任何行为是自主自愿的。

志亦伤人：兵莫憯于志。①

志与女性：毋庸置疑，男儿自有其志——但女子亦有其道！

意志的精神力量：意志的精神力量足以荡平一切障碍。

英雄是固执己见的人：什么叫固执己见？难道不就是"贯彻自己的意志"吗？人类作为群居动物，天生就懂得适应、懂得从众，但赢得最高荣誉的却从不是那些温顺、懦弱、懒惰的人，而恰恰是固执己见的英雄。

自我意志不受外在法则的支配：自我意志是唯一可以不受人为法则左右的高尚品行。

固执己见：何谓固执己见？难道一个人不该是自己灵魂的船长、生命的主人吗？既然如此，为何谓之固执己见，迫使人做出改变呢？**请真诚做人，对自己负责。**

坚持己见，志在成长：坚持己见的人一心追求自身的成长，别的都在其次。这类人只看重一样东西——他心中求

---

① 语出《庄子·杂篇·庚桑楚》，原文为："兵莫憯于志，镆铘为下。"——译者注。

存求发展的那股神奇力量。他终此一生都只遵循自己内心那无可言传又无以否认的准则。安于舒适的人很难恪守这类准则，但对于那些意志坚定的人来说，这却是天赐的使命。

善 意

花点时间帮助他人：我不太会拒绝别人。而且，我总觉得若花点时间就能帮到别人，何乐不为呢？

不要冒犯他人：我不犯人，亦不轻易任人犯我。

弥补与忍耐：若有差错，我将竭力弥补。若不能弥补，那就忍耐。

真正的生活：真正的生活是为他人而活。

注意言谈：病从口入，祸从口出。

帮助身边人：若每个人都对身边人施以援手，则人人得助。

志行高尚：即便无门无窗，高尚的人也会透过一孔一缝给予人帮助。

真正的朋友不可多得：真正的朋友犹如钻石，不可多得。虚伪的朋友犹如秋叶，俯拾皆是。

交友顺其自然：任凭友谊循序渐进地攀升就好，要是冲得太快，唯恐跑断了气。

爱与尊重：缺乏尊重的爱难以长久。

精通与和睦：既要精于所长，又要与同道中人和睦相处。

记恩：人难以忘怀善待自己的人。

梦

梦是未来的现实：昨日之梦常成明日之实。

务实梦想家：做一个有行动力的务实梦想家。

脚踏实地的梦想家从不放弃：现在，我已然能设想出理想的前景，预见今后的自己。我有梦想（请记住，脚踏实地的梦想家从不放弃）。眼下我兴许一无所有，仅蜗居于一间狭小的地下室内，但梦想一旦扬帆起航，我便能在脑海中看见一幅美丽的图景：一幢五六层高的功夫武馆拔地而起，旗下分馆散布全美。我不会轻易气馁，料想自己定能披荆斩棘、不畏挫折，最终实现"不可能"的目标。

零碎的梦境是人格碎片的投射：拼合零碎的梦境，就是在重新整合我们破碎的人格投影和隐藏于梦中的潜能。这一整合的过程，就是理解我们自身投影的过程。

回忆梦境的方法：回忆梦境的方法就是对梦境进行再现，仿佛梦中的一切此时此刻正在发生一般。

精　神

磨炼精神困难重重：磨炼精神困难重重，很少有人自愿为之。

精神是支撑我们存在的主导因素：精神虽无实体，无法觅其踪影，却无疑是支撑我们存在的主导因素。它在任何场合下，都能于无形间一刻不停地主导我们的一举一动。因此，它应该极其流畅，永远不会"停滞"于一处。

认识精神力量的重要性：当一个人真切地意识到自己巨

大的精神力量，并开始把这种力量运用到科学、商业和生活中去，那他的未来将无可限量。

精神力量：发觉进而发挥你无限的精神力量吧。这**无形之力**代表着宇宙的真正力量，是一切有形之物的种子。

追求内在的觉醒：不论这是否是上帝的指引，我都能感觉到一股非同寻常的动力、一股潜在的力量、一股澎湃的激情就在我体内。这种感觉无以言表，也没有任何体会能与之相较。它如同一种交织着信念的强烈情感，但却远比单纯的信念更加坚不可摧。

精神力量超越一切：我觉得我心中蕴藏着强大的创造力和精神动力，胜过任何信念、抱负、信心、决心与愿景，它是这一切的总和。这种主宰般的力量如今就在我手中，像磁铁似的深深地吸引着我。

激情/热情是内心的上帝：激情或者说热情，是存乎我们内心的上帝——它能自如地转化为实实在在的成就，令我们不必再追问生命的意义。因为我们已然通过自身的存在，证明了生命的意义。

宇宙的精神：宇宙的统一性，可以说就是宇宙的精神所在，它能有目的地生发万物。

立足人间，仰望天堂：我无意获得什么，也无意被外物所累。我不再渴望天堂，更要紧的是，我也不再害怕地狱。若你问我升入天堂后想干点什么，我会说："为什么要去考虑那么遥远的事？我这辈子还有很多事没弄明白。"

四问上帝的存在：
- 我们能否发现上帝的存在？
- 我们如何发现上帝的存在？
- 上帝是种怎样的存在？
- 我们知道什么是上帝吗？

谈信仰上帝：坦白来说，我不信上帝。若真有上帝，他就在我们心中。你无法祈求上帝的恩赐，只能在内心深处依赖上帝。

谈宗教：我没有任何宗教信仰。我认为生命是一个过程，人只能自己塑造自己。一个人的精神面貌，取决于他最主要的思考习惯。

谈宗教的分歧：宗教使人产生分歧，好似武术流派将习武者分门别类。若世界上的宗教合而为一，所有人都将亲如手足。有些人因信仰不同而大打出手,然而,他们只要对此稍加考虑,就不会引发如此愚蠢的冲突。

宗教问题:宗教的教条、戒律和成见是宗教问题的根源所在。

介乎天地之间:若你问我升入天堂后想干点什么,我会说:"我这辈子还有很多未竟之业,为什么要去考虑那么遥远的事?"

忧愁磨砺精神:快乐有益健康,但忧愁磨砺精神。

品格是灵魂的外在表现:品格之于灵魂,有如外貌之于血肉。一个人的真诚文雅,不应彰显得锋芒毕露,而应不经意地自然流露出来。

任本心天性,于平凡中自在生发:人生在世,略具薄资则知足知止;慕高雅而远奢华,慕精纯而远潮流,求杰出而非体面,求富足而非富有;勤学、默思、逊言、端行;悦纳万象,有勇有为,静候天时,决不冒进。换言之,且任本心天性,于平凡中自在生发。①

---

① 语出美国作家、哲学家威廉·亨利·钱宁(William Henry Channing, 1810—1884)的名作《交响曲》(*My Symphony*)。——译者注

从心所欲：不求回报，不期赞誉，不惧苛责，超脱于身体层面的自我意识。最终，不为感官所囿，释放自心，从心所欲。

精神制驭肉体：静能制动——动是有形的、物质的，静则是精神的、思想的。

清心寡欲：外在的删繁就简并不困难，然而追求内在的清心寡欲就得另当别论了。

精神无形：在禅家看来，精神的本质是无形的，没有"物体"可以住身其中。一旦心中住有他物，精神能量就会失衡，变得狭隘，不再流动无碍。精神能量有所偏颇就会顾此失彼，偏向一方而疏于其他方向。能量倾注过多之处，迟早泛滥成灾，失去控制。因此，不论是顾是失，这种精神状态都无力应付不断变化的外境。但当我们处于一种无目的的状态（即流动或无思无想的状态）时，心中无物可住，精神能量就不会有所偏向，再无主客之分，以无心之心自如地应对当下的一切。

精神修行的终极目标：不停留、不执著是精神修行的终极目标。若心无所住，心也就无处不在。心系于一处，其余诸处便皆不可用。因此，我们应勤于修行，任精神自如流转，不可集思索于一方，从而舍弃分别心，令心遍十方而运转不绝。

第三章

存在

健 康

流动如水：有道是流水不腐，强身健体之法也是如此。切勿急功近利、揠苗助长，维持身体机能的正常运转即可。

运动之趣：我很喜欢运动。尤其是晨间慢跑，简直令人神清气爽。香港虽是全球最拥挤的城市之一，但我却惊喜地发现清晨的香港非常宁静。当然，路上还是有人来往，不过我跑起步来就会忘却他们的存在。

慢跑的好处：慢跑于我而言不只是一种锻炼，也是一种放松。每天清晨我都有一点属于自己的慢跑时光，独自一人，自在思考。

饮食：只吃身体所需的食物，不要被不健康的食物诱惑。

抽烟、喝酒和赌博：我不嗜烟酒，这些东西没什么意义。我不吸烟，因为吸烟对身体有害无利。酒我也喝不惯，搞不懂为什么有人特别爱喝它。至于赌博，我不相信不劳而获。

健康是一种平衡：健康意味着我们各项机能的共同运作，处于一种适当的平衡状态（与其塑造一种心态，不如

保持一种心境）。举个例子，健康的人拥有良好的定位能力（感觉系统）和行动能力（运动系统）。如果感觉系统和运动系统之间失去平衡，就会出现功能紊乱。

恋　爱

恋爱不一定是婚姻的序幕：恋爱不一定是婚姻的序幕。恋爱时，相互吸引的两个人总爱找些新奇的乐子。跳舞、去高级餐厅就餐、参观博物馆，两人几乎将本地的娱乐活动了解得一清二楚，但他们唯独不了解彼此。

许多成功的婚姻结缘于大学：在美国，许多成功的婚姻都结缘于大学。在读期间，人人都有自己的学习任务，同时也能借此评估他人是否能够承担责任、乐意承担责任。大学要求学生制订切实可行的目标，但实现的方法可灵活变通，于是，你在求学的同时，也有机会发现同窗的闪光之处。

爱

爱与诚：真诚地对待自己与所爱的人，推心置腹，亲密无间。你就是我生命的一部分，我们之间不存傲慢、不存虚荣、不存怨怼。

爱不会消失：爱不会消失。若你的爱没有得到回应，它便会回流，抚慰、净化你自己的心。

确认爱情：我不是不相信一见钟情，我只是更相信应该再多看一眼。

盲目之爱：盲目的爱犹如以水扑火，稍微扑得急一点，火便骤然熄灭。

爱与自我：爱是仅限于两个自我之间的自私的情感。

爱之问：我被人爱着吗？

爱得彻底与爱得理智：我确实爱得像个疯子，但还不至于爱得像个傻子。要爱得彻底，并非易事；而要爱得理智，更难上加难。

青春之爱与成熟之爱：青春时的爱情是一团火焰，非常漂亮、火热、激烈，但归根结底只有闪烁的火光。而年长后的爱情节制如炭，深燃不熄。

爱是公平的等式：爱人者，被爱。世间的爱都很公平，犹如代数等式的两边。

婚　姻

婚姻是种友谊：婚姻是种友谊，是种伙伴关系，牢牢地建立在日常琐事的基础上。

婚姻是对孩子的呵护：婚姻是对孩子的呵护，生病时照看他们，扶持他们走上应走之路，并分享对他们的担忧与自豪。

婚姻乃日常生活：婚姻是晨起的早点，是夫妇二人各忙各的日间工作，是傍晚的晚餐，也是静夜里聚在一起聊天、阅读、看电视。

建立在日常生活上的婚姻更长久：我们今天的幸福，脱胎于婚前的平凡生活。这种建立在日常生活上的幸福更细水长流，像炭一样，深燃不熄。从激情中获得的幸福感有如灿烂的火焰，很快就将熄灭。许多年轻的情侣，在热恋时生活得充满激情。所以当婚后生活归于平静和枯燥后，他们会感到不耐，不得不吞下婚姻不幸的苦果。

在婚姻中，1/2 + 1/2 = 1：我与妻子不是一加一的关系，而是一个整体的两半。你得融入家庭——相互契合的两半合二为一，自然好过形单影只的二分之一！

无条件地爱：琳达最打动我的地方，是她无条件地爱我。任何时候，她都能平静客观地看待我们的关系。我认为这是夫妇间应有的态度。譬如，我表达了我的想法后，她也会就此表明她的观点。我们相互讨论，这样两个人才能融洽相处。

爱要表达出来：我要感谢一个非常重要的人。她自强而优秀——不吝付出、与人为善、坚强笃定，还能理解李小龙这个家伙，任由他做他自己就好。她是我成长道路上的伙伴，我们两人的路相互独立又彼此交织，她丰富了我的人生，是我深爱的女人，而更有幸的是，她成了我的妻子。在此，我必须要说：琳达，感谢那一天，在华盛顿大学，我李小龙有幸遇见了你。

教 子

待人处事的最高标准：在教子方面，我秉承儒家的哲学思想，奉行儒学的最高标准，己所不欲，勿施于人，外加为人真诚、睿智。在处理人生最主要的五种关系时，做到父子有亲，上下级有义，夫妇有别，长幼有序，朋友有信。我如此教导子女，相信他们今后不致犯下大错。

别打孩子：我父亲从没打过我，倒是母亲有时会狠狠地打我屁股！但不管怎样，我不会打我的孩子。我认为一个父亲完全能以更游刃有余的方式去控制局面。

训导孩子：我会和孩子一起玩耍嬉戏，但有些事得另当别论。如果事情很严肃，就不能避重就轻，怕伤害孩子的感受。该说的话一定要说，该约法三章就约法三章，不要顾及他们喜不喜欢。

行为是评判一个人的标准：你若出洋相，难免有人落井下石。总有傻子爱把炫耀当荣耀。

教　育

教育与创造力：如果你自己不聪明，如果你没有创造力，教育还有什么意义呢？

教育的本质：教育意在唤醒人的智慧（不是教人狡诈、

只为应试,等等)。

自学的价值:自学成才。

教育的目标:教育——意在发现而非一味模仿。只学习技巧,不加深内在体验,所学就甚为浅薄。

教育并不局限于校园:大学有多重要呢?我在华盛顿大学念书时,成绩不过勉强及格。

教育的吸收与积累:要紧的不是你学了多少,而是所学的东西你吸收了多少——所谓绝招,不过是正确地施展最简单的技巧。

教　学

教学须心思敏锐而善于变通:首先,师父不能依赖一套方法或程式化的套路进行教学。相反,他应因材施教,唤醒弟子自行去探索自己的身心,最终臻于身心合一之境。这等实际上无学可教的教学,要求师父心思敏锐而善于变通,现如今已很是难得。

良师不传授真理，他是寻找真理的向导：一位良师，他所传授的断不是真理本身，而是寻找真理的方向。他以最精简的方式引导弟子舍弃形式，此外，他还会点拨弟子进入模式而不为模式所囿，遵循原则而不为原则所缚。

良师不会一成不变：良师不会一成不变。他不会迫使弟子去适应呆板的功夫套路，那不过是种预设的死模式。

教学的最大难题：优秀的师父会尽量避免弟子受他自己风格的影响。传授武艺并非难事，但要培养弟子独立思考的能力却十分不易。师父在教学时务必时刻保持警觉和敏锐，不断地调整、不断地变化。

我的话你要自行验证：记住，我不是老师，我不过是指向标，为迷途的旅人指引方向。但要去向何方，得由你自行决定。我所能传授的只是一点经验，绝非定论，所以，我所说的一切尚须你自己去验证。我兴许有能力点醒你，帮你发现你存在的问题，但我无法教你什么，因为我不是老师，也没有任何风格。我不信奉任何体系和路数，然而没有体系、没有路数，我又有什么可教你的呢？

理想之师："如何思考"远比"思考什么"更为重要。毕竟，教育仅是人发挥所长的起点。为人师表者应设法开启弟子的心智，超越二元论的思想。

教学的六个主要步骤：
- 弄清弟子习武的动机。
- 令弟子保持高度专注。
- 活跃思维（思考）——讨论、提问、讲授。
- 清楚地罗列出教学内容，概述教学内容。
- 加深弟子对已学内容的重点、含义和实际应用的理解，并明确学习目标。
- 重复上述五步，直至完全学会。

适当赞扬：及时给予弟子应得的赞扬。赞扬必能鼓舞弟子加倍努力，精益求精。因此，要慷慨而诚实地表扬弟子。

教学关系是一种直接关系：我从不信任那种在国内外遍布分院和从属机构的庞大教学组织。为教授大批学员，这类组织需要建立某种教学体系，结果学员也就只能按照这套体系依样画瓢。我只信任小班教学，以保证教师能长期悉心观察每一个学员，与之建立起真实而直接的教学关系。

精神贫瘠致使人向外求索：我们的内在越贫瘠，就越爱追求外在的丰盈。

教无定法：教无定法，我所能做的只是对症下药，指点方向，仅此而已。恰似一根手指指向月亮，千万不要一味盯着手指，而错过天上美景。

诚心诚意的弟子难得：诚心诚意的弟子难得，多数人只有五分钟热情，另有弟子习武动机不纯。而最为不幸的是，此中绝大部分人都是武术贩子，基本只是从众而已。

伦　理

行为得当：恰当的行为是指受理智和创造力支配的行为。

"美好的人生"是一个过程：美好的人生是一个过程，不是一种生存状态；是一个方向，不是一个终点。当心灵可以自由奔向任何方向时，我们的机体自然能找到通往美好人生的方向。

树立客观标准，需要知识基础：要树立评判行为的客观标准，必须先掌握相关知识。

没有"抵达终点之法"：世上没有抵达终点的方法，只有方法本身，我就是那方法。最初我独自上路，待到功德圆满，最终又将剩我孑然一身。因此，除了方法本身，所有终点都是一种幻觉，是对存在的一种否定。

深化理解：不要急于"认定"，相反，应不断探索和深化你的理解，不断地认清自己无知的原因。

幸福是在恰当的环境下做恰当的事：能在特定的环境下恰当行事即是一种幸福，并不存在放诸四海皆准的标准。

多了解，勿武断：没必要对风闻之事立刻做出评判，你难道不该先彻底了解清楚吗？

三大难题：人生三大难题——
- 保守秘密。
- 忘却伤痛。
- 充分利用闲暇时间。

谈道德行为的相对性与绝对性：以绝对的眼光看待道德行为的人，多半认为人的行为可以用传统方式进行解释和规范。换言之，他们认为一种行为在任何时候放在任何人身上，都只有一种解释。另一种观点则认为道德行为是相对的，因时间、地域气候、社会和经济需求、宗教信仰等因素而不同。如此看来，这种观点认为符合具体的公共利益的行为，就可以算作道德行为。而若视之为绝对，则意味着人们对正当行为的定义将永远一成不变。

谈客观判断与主观判断：客观判断是指仅涉及客观问题的判断；主观判断是指个人对客观事物的看法。客观即事实，主观即观点。你认为一件事是错的，与你要辨析、解释、证明一件事是错的，二者差别甚大。因此，客观概念阐释的一定是客观对象固有的实性。

两个基本的道德问题：言及道德，存在两个基本问题——
- 善行和恶行从何而来？
- 如何定义一种行为的善恶？

人之大患：宠辱若惊，贵大患若身。①

贫穷与和平：不论国家还是个人，穷困潦倒时都戾气冲天。在一无所有之际，总容易满腹怨怒。但有朝一日，他们也繁荣昌盛起来后，很快就会平静下来，如其他地方一样渴望和平。

贵以贱为本：贵以贱为本，高以下为基。②

---

① 语出《道德经》第十三章。——译者注
② 语出《道德经》第三十九章。——译者注

四种伦理理论：四种不同的伦理理论——

- 客观论：善是客观事实（柏拉图的理论），无法进一步推演。
- 结果论：一种行为之所以是善举，是因其结果是好的（如功利主义），或者能令大多数人满意（比客观论可信）。
- 动机论：一种行为道德与否，取决于行为人的动机。换言之，只要意图良善，就不是恶行（伊曼努尔·康德[①]是这一学说的支持者，他曾有言："别做那些行为规范不能被所有人奉行的行为。"）。
- 认可论：行为的善恶取决于他人是否认可。

善与美的内在价值：以善与美自身的价值来评判它们，勿被表象迷惑。

我的品性：老实说，我真不似有些人那么坏，但我也绝不会以圣贤自居。

种族主义

四海之内皆兄弟：若我说"阳光下的每一个人都是宇宙

[①] 伊曼努尔·康德（Immanuel Kant，1724—1804）：德国古典哲学创始人。——译者注

大家庭的一员"，你兴许会觉得我装腔作势、白日做梦。但我却以为那些仍旧信奉种族差异的人，才是真正的落后与狭隘。人类的平等与博爱，他一点儿也不明白。

天下大同：从根本上讲，全球各地的人本性一致。我无意照搬孔子之言，但普天之下，的确同是一家。

种族主义源自传统糟粕：许多人仍受到传统的束缚，老一辈人不予认可的事，他们也跟着强烈反对。老一辈人定下的错事，他们盲从盲信。他们很少用自己的头脑去发掘真相，很少坦白地说出自己的真情实感。事实很简单，种族主义是传统糟粕，是老一辈人依据过去的经验留下的"规矩"。随着人类的进步、时代的更迭，这套"规矩"必须变革。

摒除传统糟粕，就不会再有歧视：我，李小龙，永不遵从那些唯恐天下不乱者宣扬的规矩。所以，不论你的肤色是黑是白，你所支持的政党是红是蓝[①]，我都愿与你成为亲密无间的朋友。

[①] 近几十年，美国大选时素以红蓝两色标记各个州的主要票选倾向，红色代表共和党，蓝色代表民主党。——译者注

逆 境

逆境有益：顺境易使人宽纵自己的行为，逆境则引导我们反躬自省，故而有益。

逆境使人反思：一帆风顺时，我一心惦记着享受、占有，等等。唯有遭逢逆境、贫困与不幸，方才反躬自省。巨细无遗的自我审视，磨砺了我的意志，指引我去理解他人，也为他人所理解。

愚蠢问题的价值：智者从愚蠢的问题中学到的东西，远胜愚人从智慧的答案中学到的东西。

切勿因焦思苦虑而徒费精力：还有谁的工作能比我的更没着没落呢？我的生存动力是什么？我相信自己的能力，我能行。腰伤着实折磨了我整整一年，但祸兮福所倚，生活中的打击无疑是一记警钟，提醒我们不要被一成不变的日常磨平了斗志。

焦虑是种防卫：不要预想不幸，除非你能防患于未然。如你不能将焦虑转化为防卫，用以自保，焦虑就百无一利。

失败不可耻：被打倒在地并不可耻，只要你此时此刻还能反躬自问:"我为何被打倒了?"若能做到这一步,你还大有可为。

为做自己喜欢的事,也不得不做些不顺意的事:有道是良药苦口利于病,所以有时为了能做自己喜欢的事,我们也不得不做些不顺意的事。朋友,切记,重要的不是发生了什么,而是你如何应对。你的心态决定了这件事的意义,决定了此事究竟是绊脚石还是垫脚石。

悲伤如师:悲伤是我们最好的老师。一个人透过眼泪比透过望远镜看得更远。

愚蠢的表现:愚蠢有两种表现,要么多嘴,要么沉默。沉默的愚蠢尚可忍受。

世上多有好事之徒:世上到处都有决心出人头地,不惜惹是生非之人。他们一心力争上游,但求大出风头。而求道之人崇尚不争之德,自当杜绝一切刚愎自用、争强好胜之心。

人于逆境中顿悟更高境界:人于逆境中顿悟更高境界,恰似狂风骤雨后,草木长势愈发葱茏。

逆境如雨:逆境好似春秋两季的雨水,阴冷、不适,人和动物都相当难熬。但雨季一过，花果萌发，枣椰、玫瑰和石榴都竞相生长。

失败是受教：何谓失败？无非是受教，无非是更上层楼的第一步。

独处并不孤独：独自一人时，正是你自力更生、寻找自我的机会。独处并不孤独，好好利用这个机会。

挫折的价值：不经历挫折，你不会发现有些事你自己就能独当一面。我们在冲突中成长。

安于忍辱：安莫安于忍辱。① 忍并非消极被动，相反，它需要定力。

提防你信任的人：世间人形形色色，莫轻信。

智者吃一堑长一智：世上没有绝对的不幸，总有智者能吃一堑长一智；同理也没有绝对的幸运，总有愚人要因此心生偏见。

焦虑：焦虑存在于**现在**与**当时**之间的鸿沟里。所以，如

---

① 语出《素书·本德宗道》。——译者注

果你能活在当下，你就不会感到焦虑，因为你的精力会即刻流往正在发生的事情中去。

　　批评家：批评家有如铃铛，脑袋空空，但舌头很长。那些拿舌头当矛使的人，却常常以脚作盾，溜得飞快。

　　成功路上总会遇阻：相信我，欲做大事、成大业，总难免遇上一些大大小小的阻碍。这些障碍本身无足轻重，唯有你的应对方式最为要紧。除非你自认失败，否则根本就不存在失败一说，但请万勿坐以待毙到如此地步！

　　抗拒不是解决之道：不论喜欢与否，我都不得不接受身处的环境。一开始我心中也多少有些矛盾，想要对抗环境。但我很快就意识到，我需要的不是只会消耗自身的内心挣扎与无谓冲突，相反，我更应集中力量去适应环境，最大限度地利用环境。

　　勿烦上添烦：平心静气，不要执著于结果。当战则战，当避则避，不昧得失输赢，始终笑对一切，物来则应。你的孩子病了？你无力支付房租？接受现实，面对现实。难道这些事情本身还不够麻烦吗？何苦还要更添一层忧虑？

　　水越搅越浑，莫动则清：孰能浊以静之徐清？孰能安以久动之徐生？[1]

忧虑会连累周围人：忧思缠身之人，不仅无法从容应对自己的问题，他那惴惴不安、烦躁易怒的心态，还会连累周围人。

学会继续前行：何苦要为转瞬即逝的幻象（已然逝去的因果）悲喜无常，以假为真？不如理性应对，放下，继续前行。走下去，看看崭新的景象；走下去，看看鸟儿展翅飞翔；走下去，将妨碍你感受、妨碍你抒怀的一切都抛诸脑后。

争 斗

勿以巧斗力：且以巧斗力者，始乎阳，常卒于阴。[2]

排除干扰与纷争：闭其门。解其分。[3]

"挑战者"：这些人定是心理有什么问题。因为若是他们

---

[1] 语出《道德经》第十五章。——译者注
[2] 语出《庄子·内篇·人间世》。——译者注
[3] 语见《道德经》第五十六章，原文为："塞其兑，闭其门，挫其锐；解其分，和其光，同其尘，是谓玄同。"——译者注

心智健全，就不会向他人宣战斗个高下。更重要的是，他们发下战书多是因为不够自信，想借由决斗达到一些不可告人的目的。

不要预测结果：预测交手的结果乃是大忌，你不该事先就惦记着输赢。

收到战书：我发现收到战书后，要紧的只有一件事：你对此作何反应？它对你产生了怎样的影响？你若胸有成竹，定会将它看得很轻很轻。因为你会扪心自问："我真的害怕对手吗？我担心被他打败吗？"而你一旦消除了这样的疑虑和恐惧，自然云淡风轻。即便今日大雨滂沱，明天太阳还会照常升起。

所有争端都可以诉诸法律：现如今，你不能随便在街上大打出手，一旦你这么做了，没准就有人掏出枪来——砰！一举击毙你。不论你功夫多高，今天的一切冲突都理应诉诸法律。哪怕你要为父报仇，亦不致拳脚相加。

对抗与否由你决定：没有你的允许，谁也不能真的伤害到你。

看破幻象：看清楚，没人要同你争斗，无非是幻觉。别被幻象迷惑！

追求超然：触不到真相，任何性质的纷争都不可能圆满解决。争执双方谁也无法左右谁。因此我们需要的不是中立、不是冷漠，而是**超然事外**。

适　应

适应的本质：何谓适应？恰若影子随时随地依随身体而动。

适应的重要性：不变则亡。

适应乃动中之静：静中取静非真静，宇宙的律动从来动中有静。

适应是种智慧：智慧不在于隐恶扬善，而在于学会"驾驭"二者，执两用中，恰如浮木随浪起伏。

适应性思维：胸有成竹则处乱不惊，断绝思虑则不存幻想，摆脱成见则灵活自如。保持警觉敏锐，随时准备应变。

灵活知变：灵活一点，你才能随机应变。清空自己！敞开心胸！切记，杯子的用处正在于它的空。

变即不变：随机应变就是以不变应万变。

互换性：运动的流向可以互换。

适应即智慧：智慧有时指的就是一个人适应环境，乃至利用环境的能力。

柔韧则生：中国哲学里还有一种思辨与每个人都息息相关："顽木过刚易折，韧竹顺风而存。"

庖丁解牛：古代有一良庖，年复一年用同一把刀解牛，终生不换，而刀刃始终锋利，若新发于硎。有人问他是如何保护刀刃的，庖丁答说："我顺着牛的肌骨脉络用刀，从不宰肉劈骨，以硬碰硬，以免损伤我的刀。"在日常生活中，遇到难处应顺势而为，妄图与之对抗只会自损。不论言语如何兜转，逆境并非某一个人或某一类人的特殊遭际，而是普天下人人都要面对的事。

如水适应：学着像水一样吧，有形似无形。水乃世间至柔，却能滴水穿石。水本无形，却能随器聚形。倒入杯中，水具杯形；倒入花瓶，水包裹着花茎，变作花瓶形状；倒入茶壶，水有壶姿。请好好看看水的适应性。若你用力挤压，水便奔流而出；若你放松力道，水便细流涓滴。水的流动有时充满矛盾，甚至能逆流而上，但千回百转它终归要汇入大海。水流虽有快有慢，但都势不可挡，依循天命。

哲 学

学哲学：大量阅读各式各样研究人类的书——不论其核心主题、流派、优点、缺点。

阅读的重要性：阅读是精神食粮，尤其是阅读专业著作。

哲学：哲学的本义是"爱智慧"，旨在通过逻辑思维和推理来研究各类事物。哲学对"如何做"不感兴趣，只关心"是什么"和"为什么"。

哲学之趣：我进入华盛顿大学受到哲学的启蒙后，不由对自己过去那些不成熟的看法感到汗颜。我之所以选择研读哲学，与我童年好斗的性格息息相关。我常扪心自问：
- 胜利了又如何？
- 人们为何如此看重胜利？
- 何谓"光荣"？

- **怎样的"胜利"才算"光荣"？**

哲学揭示了人为什么活着：我的导师协助我选课时，因我老爱刨根问底，推荐我选择哲学。他说："哲学会告诉你人为什么活着。"

谈西方哲学：学习哲学能获取近乎包罗万象的信息，但部分哲学家，譬如柏拉图，倾向于将主要精力投放在伦理和道德领域。他们特别爱讨论"善恶"的问题，以及什么样的生活才是人应该为之奋斗的"理想生活"。

知行不一令哲学摇摇欲坠：不少哲学家说一套做一套，他们所宣扬的哲学与其平日所奉行的哲学大相径庭。因此，哲学日渐成为口头空话，大有摇摇欲坠之危。

生活与理论：哲学关注的是理论知识，而非"生活"本身。大多数哲学家都不必切身体会他们思考的事情，而是仅仅将问题理论化，进行思辨。客观的思考需要置身事外，与思考的对象保持距离。

哲学的症结：哲学本身就是一种病，却又假装能自病自医。智者不追求智慧，只过好自己的生活，而他的智慧也恰在于此。

哲学致力于质问现实：生活中，我们总自然而然地接受目之所及的一切，一般不会心生疑惑。不过，哲学可不轻信生活经验，往往致力于质问现实，提出诸如此类的问题："我眼前这把椅子真实存在吗？它可以独立存在吗？"因此，哲学不会随顺生活常识，令生活变得更简单。相反，哲学使生活复杂化，用没完没了的疑问打破世界的宁静。

理性主义：理性主义涉及直觉主义。理性主义者认为，理性能够直观地把握基本真理，并借由科学手段和逻辑论证从中推导出其他真理。除了极端个例外，理性主义的推理和推理证据都提炼自感官经验，推理出的普遍规律会反过来指导感官生活。

经验主义：经验主义强调经验在知识中的重要性。近代经验主义者倾向于在知识结构中赋予理性更多地位，比之单纯地看重知觉，他们更强调科学方法（科学理论、数学证明、概念构成和实验论证），强调科学的试验性、假设性和自我纠正性。

存在主义：存在主义主张摒弃概念，遵从现象学的认知原则。目前，存在主义哲学面临的困扰是，他们需要从别处寻求理论支持。存在主义这个群体，总一致声称他们是非概念主义，但具体到支持存在主义的个人，又无一不从他处借用概念。譬如布伯[1]借鉴犹太教，蒂利希[2]借鉴新教，萨特[3]借鉴社会主义，海德格尔[4]借鉴语言学，宾斯万格[5]借鉴精神分析。

---

[1] 马丁·布伯（Martin Buber，1878—1965）：犹太裔哲学家，主张犹太教背景下的有神论存在主义。——译者注
[2] 保罗·蒂利希（Paul Tillich，1886—1965）：又名保罗·田立克，德裔美国基督教存在主义哲学家。——译者注
[3] 让-保罗·萨特（Jean-Paul Sartre，1905—1980）：法国存在主义哲学家，社会主义支持者。——译者注
[4] 马丁·海德格尔（Martin Heidegger，1889—1976）：德国存在主义哲学家，曾把语言称为"存在的家园"。——译者注
[5] 路德维希·宾斯万格（Ludwig Binswanger，1881—1966）：瑞士精神病学家，他创立的精神病研究方法结合了精神分析、现象学与存在主义哲学。——译者注

第四章

成就

工　作

实际的世界：这个世界非常实际。你做得越多，回报越多；做得越少，回报越少。

付出才有收获：有付出才有收获，没有不劳而获的事。

多劳多得：平衡法则告诉我们，投入越多，产出越多。

回报蕴藏在工作之中：我的作品必须令我自己满意，这点最为要紧。若它们一文不值，我必当追悔莫及。

重要的不是做什么工作，而是你如何去做：你付出了什么倒在其次，要紧的是你付出的方式。

报酬应与付出相当：没有相应的报酬，谁也没法满怀热情地做事。

热切的渴望造就才华与机遇：众所周知，有才华的人能自行创造机遇。但有时热切的渴望不仅能创造机遇，还能造就才华。

创造美好生活的两种方式：想过上好日子有两条路，一是靠苦干,一是凭创意(当然,这也需要实干)。有些人可能不相信,但我不论做什么,都会花大量时间精益求精。

工作能反映一个人的品德:一个人的道德观和价值观将影响他对工作的选择。若他能按自己认可的方式去工作,自然会快乐。

快乐工作:为了使人们快乐地工作,须满足以下三点——
• 务必胜任自己的工作。
• 不可过劳。
• 在工作中必须有成就感。

勿为工作违背原则:我绝不会以任何方式出卖自己,做违背信念的事。

请有所保留:不要将全部精力都放在一件事上,务必有所保留。西方有句谚语:"别将鸡蛋都放在一个篮子里。"这话说的本是物质上的投入,但我指的是情感、智识和精神上的投入。在此,我可以分享一下我的生活经验,进一步阐明这一观点。作为一名演员,我还有许多东西要学,而我也正在学习。为此,我投入了很多,但并非全部。

在办公室工作:我从不愿在办公室里工作,也不想找一份每天八小时工作制的固定工作。我想我迟早会受不了的。我不是那类可以成天坐在办公室，按部就班地工作的人。我一定要做那些有创意、有趣的事。

品　质

尽善尽美：我做事不肯半途而废，必须尽善尽美。

凡事力求做好：我一直很欣赏自己对高品质的执拗追求以及凡事力求做好的诚心，拜其所赐，我也不致误入歧途。

回报不是行动的结果，而是行动本身：我必定能收获的回报就是行动"本身"，而非行动产生的"结果"。回报的多寡优劣全在于我行动的深度，取决于我行动的核心部分。

品质重如山：我自孩提时代起，就把"品质"看得很重。不知何故我明白得很早，而且真诚地为之奉献，不惜做出许多牺牲，一心只朝着一个方向前进。我十分确信，"品质先生"永远在前方等着我。

干好工作须格外下功夫：若你想干好自己的本职工作，应当格外多下一点功夫。

力求完美：凡事应力求完美，虽然大多数时候都无法实现。但那些不懈追求完美的人，总比望而却步的懒人更接近完美。

若你不得不成为商品，那也要做最好的商品：很多时候，商人会以看待一种产品或商品的眼光看人。但是，你，作为一个人，有权利成为最优秀的"商品"，挺胸抬头地拼命工作，让那些商人最终不得不倾听你的声音。你有义务对自己负责，凭借自身条件，竭尽所能地成为最优秀的"商品"。所谓优秀，不是指声名显赫或功成名就，而是品质上乘——做到了这一点，一切都会随之而来。

品质最珍贵：我最珍视的是品质——以负责任的态度和一流的技艺竭力做到最好。

动　力

想法决定结果：每个人——不论身份几何、身在何处，打小就得明白，不管做什么事，如果你连想都没想过，事情也就不会发生。生活中发生了什么并不重要，重要的是我们如何应对，所谓失败都是自认失败。

痛苦多是自找的：苦与乐皆因观念而生，不过一念之差，尤其是痛苦，很多时候都是自找的。我们的苦乐从来都不似想象中的那般极端。道家说得还更进一步，苦与乐本是一体！

失败是种心态：失败是种心态，若非自认失败，谁都能立于不败。

失败是暂时的：于我而言，任何一种失败都是暂时的，它对我的惩罚只是鞭策我加倍努力地实现目标。失败无非是让我知道自己做错了什么，它归根结底是通往成功和真理的道路。

勿浪费精力：不要在焦虑和颓丧的想法上浪费精力，不然所有麻烦都会接踵而来——放下吧。

灰心即失败：成败并不重要，重要的是它对一个人的心灵造成了何种影响。只有灰心丧气之人，才会彻底落败。

预想痛苦才是问题所在：预想痛苦远比痛苦本身更折磨人。

思想塑人：**日常的所思所想**能在很大程度上左右你毕生

的成就。

区分大灾与小难：你要意识到你遇到的那点难处，并非大灾大患，而不过是些让人不快的小事，它们是你实现自身价值的一部分，是你觉醒的一部分。

绊脚石与垫脚石：你会将自己逐梦路上碰到的障碍变成垫脚石吗？还是任由那些消极、忧虑和恐惧的情绪悄然占据你的思绪，从而将障碍变为绊脚石？

改变由内而外：改变应从消除心中的成见着手，而不是改变外在条件。

绝不倒下：中国的杂货铺里有种不倒翁，类似这里的不倒小丑，它揭示出一个道理："倒下九次，就站起来十次。"绝不倒下，这就是它给人的启示。

选择积极的一面：你是自己心态的主人，你有权做出选择，请选择那些**积极的、富有创造性的**一面。达观是通往成功之路。

终止没完没了的消极：如果你认为一件事绝无可能做成，那你就真的做不成。悲观会钝化你成功的利器。

目　标

目标充实人生：积极地为实现目标而奋斗，人生才会充实而有意义。

三个问题：不论你追求什么，都要保持警觉。就我自己而言，我每时每刻无不在追求这种警觉之心。我不断地问自己："李小龙，这是什么？""这是真是假？""你是不是真的想要这样？"我想明白后，也就拿定了主意。

目标不一定非实现不可：目标不一定非实现不可，它往往只是提供一个前进的方向。

别怕失败：失败不是错，胸无大志才是罪。志存高远，虽败犹荣。

实现目标的第一准则：务必知道自己想要什么。我很清楚自己的想法是正确的，因此，也一定能收获令人满意的结果。我根本不担心回报，一心只想全力以赴，实现梦想。我的付出当由日后的回报与成功来衡量。譬如你投石入湖，水面就会激起层层涟漪，随后一圈圈地荡漾开去，直至溢满整个湖面。这正是我将我的想法付诸实践后的情形。

思想即物质：想法可以转化成相应的客观存在，在这个意义上，思想即物质。

明确目标，整合思想：有句老话说得不错："他能做到，是因为他相信自己。"我相信只要拥有明确的目标、锲而不舍的精神和实现目标的雄心壮志，任何人都能得偿所愿。

日益精进：每天至少向你的目标迈进明确的一步。

未来能带来幸福：过去已成历史，唯有未来能给你幸福。所以，人人都必须做好准备迎接自己的未来，开创自己的未来。

无人能一步登天：我们对自己人生的把控，恰如转动保险柜上的旋钮。只转一次旋钮，不可能打得开保险柜，每一次进退都是实现目标必不可少的一步。

态度决定高度：你对生活抱多大期望，就有多大收获。一个人昨日的想法将决定他今日的生活。

时刻瞄准你的目标：专注于你的追求，别为其他事分神。

信　念

信仰与怀疑：我尊重信仰，但怀疑使人求知。

遵照信念而行：没有行动的信念，犹如死水。

落实信念：有行动支撑的信念，才是实际的信念。

信念的力量：心怀信念能克服一切障碍。

相信自己：我靠什么生活呢？我所依赖的正是我的生活信念，相信自己。信念使人将设想和信心化为现实。众所周知，话重复太多遍，一个人早晚会信，不论这话本身是真是假。即便是句谎言，再三重复，他最终也会听进去，甚至还信以为真。占据一个人心智的主导思想，决定了这个人是个怎样的人。

信念是种精神：信念是种精神，可以靠自我训练来培养。信念早晚会成真。

培养信念：根据自我暗示原则，我们可以对潜意识施加指令，并再三重复，以此引导信念的建立。这是目前所知的唯一一种主动培养信念的方法。

信仰与理智：我不能也不会"嘲笑"信仰，理智也有黔驴技穷的时候。

信念支撑人的灵魂：信念是灵魂的支柱，在它的敦促下，一个人可以将目标转化成相应的现实。

成　功

成功的定义：成功无非是全心全意地去做一件事。为此，你离不开他人的帮助。

成功不是运气：我不相信天降鸿运，运气得靠自己创造。你必须留心身边的机会，善加利用。

成功就是准备加机遇：机遇会不会降临很难说，好运会不会临头也很难说，但一旦遇上了，正如人们常说的走运了，你最好早有准备！

树立成功的意识：可能有人会说我求成心切，但我并非如此。成功只属于那些想要成功之人。如果你根本没有设下目标，又怎么可能实现它呢？

攀登成功的阶梯是种空想：顺着（成功的阶梯）继续往上爬的说法，我认为挺荒谬的，无非是种空想。那不是坐在这里臆想就能成真的事。虽然我今日已小有所成，但我仍得继续认识自我。至于我往后能不能"爬得更高"，现阶段说什么都是空想。

成功的代价：追求成功者，应当学会如何抗争、如何奋斗、如何吃苦。如你愿意为之不计付出，便能在生活中收获很多。

成功的最大弊端：成功最大的弊端是容易失去隐私。人人都在追名逐利，但讽刺的是，你一旦名利双收，一切反而有些变味。

成功令简单的生活变得复杂：对许多人而言，"成功"一词好比天堂，但时至今日我已置身其中，结果也不外乎是换了一种环境罢了，而这种环境似是让我对何谓简单、何谓隐私有了更复杂的体悟。

成功不是终点：请记住，成功只是一个过程，不是终点。相信自己的能力，你一定能行。

亘古不易的成功条件：设定目标是亘古不易的成功条件。

成功的三个关键：坚持、坚持、再坚持。日日奋斗不懈，就能培养并维持住这种毅力。

金　钱

金钱的性质：金钱没有确切的性质，全看人如何利用。

金钱是手段，不是目的：务必尽早教育孩子，金钱只是手段，是种有用的工具。和世间所有工具一样，金钱也有其特定的用途，但绝非万能。一个人必须学会使用金钱，知道它能做什么，但更要知道它不能做什么。

钱是附属之物：我一贯认为钱乃附属之物。真正重要的东西是你的能力和你的抱负。若你实现了这些重要的东西，附属之物自会随之而来。

公平的收入：不少电影制片人以为我只在乎钱。他们想吸引我去拍片，就只允诺我一大笔钱，别的什么也不提。但平心而论，我想要的不过是笔公平的收入。

好景难长：我父亲的金钱观令我获益颇多。他曾对我说："如果你今年赚了10美元，定要时刻谨记，明年没准只赚得了 5 美元——所以要未雨绸缪。"

正确看待金钱：毋庸置疑，要养家糊口、满足日常所需，金钱必不可少，但钱不是一切。

享受你的工作最重要：金钱、名气、盛大的首映晚宴，凡此种种附属之物，我一度求之不得。而现如今我都得到了，或者说触手可及，这一切反而显得无关紧要了。我发现踏踏实实地做事更重要，我乐在其中，钱倒在其次。

名　气

明星的幻象：做"明星"是种幻象，足以毁掉一个人。当公众称你为明星时，你心里得明白，这不过是场游戏。这些恭维话你是否愿意相信，是否乐在其中（我们都是凡夫难以免俗），都是你自己的选择。但别忘了，你一旦过气，那些捧你的"朋友"立马就会弃你而去，转而结交其他"大赢家"。不过，你有权自己拿主意（虽然这需要有些自知之明，但选择仍然在你，这是你的权利）。

明星有起有落：明星起起落落，有盛有衰，再平常不过。多数明星都对自己知之甚少，一旦失败，便一蹶不振。

他们应该扪心问问自己,他的成功是来得稳扎稳打,还是运气所致?如果他们愿意沉下心来,反躬自省,情况定会有所改善,不过就我观察,能做到这点的明星并不多。成功时,一叶障目,不可一世。到头来,幸运之神离他而去,他们也就空余悔恨。

明星泛滥:如今明星太多,演员太少。高票房往往给明星带来极大的影响力。但可惜,很多人却在滥用自己的影响力。

勿被成功蒙蔽双眼:一旦你功成名就,名扬四海,便非常非常容易被这一切蒙蔽双眼。这时你要是留个长发,人人都会走上前来跟你说:"嘿,太酷了,老兄,真时髦。"但假如你是个无名之辈,他们就会说:"哇,看看那个恶心的小流氓。"

恭 维

认识自我的两种病:病有两种,一是骑驴觅驴,一是骑驴不肯下。

自我意识过重的六大弊病:六大弊病——
• 渴望获胜。

- 渴望诉诸浮华技艺。
- 渴望卖弄所学。
- 渴望威慑对手。
- 渴望扮演被动角色。
- 渴望根除一切弊病。

提防应声虫：如你所见，一天到晚有太多人在你身边"是是是"地附和个不停。除非你已然悟透生活的真谛，当真真理在握，否则大家就只是逢场作戏而已——看上去很美的戏。但多数人往往对此视而不见，因为奉承话重复太多次，连你也开始信以为真。

虚伪的求教者：人与人之间的赐教与求教，恐怕是世上最缺乏诚意的事了。求教之人看似尊重朋友的意见，但实际上他无非是希望对方赞同他的观点，进而令他人为自己的行为负责。而赐教之人则会用一种看似无私的热情来回报求教者的信任，但实际上他之所以不吝赐教，全是为自己谋利挣名。当有人向你求教时，他多半是想要你的赞扬。

第五章

艺术与艺术家

艺　术

　　艺术即自我表达：艺术实际上是种自我表达。表达的方式越复杂越受限，就越难表达出最原始的自由感。

　　艺术与不加拣择之心：任何领域的艺术家都应学会不加拣择地观照万象，内化自己的所见所闻，并在作品中予以表达。

　　艺术源于感受：艺术源于艺术家的经验和感受。

　　艺术与情感：艺术是情感的交流。

　　忘我地融入艺术：若艺术家有心想呈现出完美的艺术，必将反受其害，念念"停滞"于自己的创作过程，不能谓之善妙。因此，最上乘的创作是忘我地与艺术融为一体。

　　艺术需要创造力和自由：艺术存在于绝对的自由之中，没有绝对的自由，就谈不上创造——艺术，没有我执。

　　艺术不是装饰：艺术不是装饰、点缀，相反，它足以启迪人心。换言之，艺术是争取自由之术。

艺术的追求：艺术追求将内心景象投射到外部世界。

成为艺术家的必要条件：成为艺术家的必要条件——赤子之心。

艺术超然于世：艺术是生命的表达，超越时空。

艺术是看得见的灵魂之音：一招一式的背后皆是一个人看得见的灵魂之音，空洞的招式恰如虚词般毫无意义。无法诱发情感的动作，不过是死气沉沉的姿势而已。

艺术需要身心合一：艺术所需要的无非是直接、坦诚、全心全意地投入。我们借由艺术用自己的灵魂，赋予自然和世界崭新的形式和意义。

艺术是种内在领悟：艺术揭示了人对事物内在本质的理解，探讨了人与虚无、人与绝对真理的关系。艺术创作是人清净本性的内在延展，能够深化一个人灵魂的维度。

艺术是灵魂的投影：艺术讲究以炉火纯青的技艺，投射出人灵魂的剪影。

"无艺之艺"是艺术的精髓："无艺之艺"是艺术家内心

的艺术过程，是"艺术的灵魂所在"。所有的艺术媒介、艺术技巧都是为了迈进我们灵魂深处的绝对审美世界。

艺术技巧须发自内心：艺术技巧并不能保证艺术的完美，它要么是种媒介，要么反映了人内心流变的某些片段。而艺术的完美并不在于外形和形式，而是讲究发自内心。艺术活动的目的并不在于艺术本身，而是要渗透进一个更深层次的世界中去。在这个世界里，所有形式的艺术蔚为一统，化作内心体悟汇聚成流；在这个世界里，人的灵魂与宇宙合而为一，于虚无中化生万象。

艺术的任务：艺术的任务是在创造美的过程中，表达一个人最深刻的个人经历和精神体悟，从而使这些个体经验能在理想世界中得到普遍的理解与认可。

艺术倒映灵魂：宁静的心灵艺术，犹如月映深潭。

任何艺术家都得是生活的艺术家：艺术家的终极目的是要借由日常生活成为生命的主人，从而掌握一切生活的艺术。任何领域的艺术大师都必先成为生活的大师，因为万象由心造。

艺术通往生命的本质：艺术是通往人生的绝对真谛和本

质的道路——敏锐的创造行为和积极的赤子之心。

艺术是对自然的完善：艺术借由艺术家之手达成对自然与生命的完善。这些艺术家技法炉火纯青，而又能摆脱技法，挥洒自如。

艺术启迪人类的一切潜能：艺术并非片面地追求精神、心灵和感受性的升华，它足以**启迪**人类的一切潜能，令人的思想、情感、意志与自然界中的生命韵律发生共振。由此，我们才能听到无声之音，收获内在的和谐。

艺术的直接性：我们若能直接用眼睛作画该多好！从眼到手，从手到笔，在这般漫长的过程中，已然丢失了多少东西！

固守艺术技巧，会限制艺术表达：艺术是种自我表达，表达的方法越复杂越受限，就越难表达出最原始的自由感。尽管技巧在学艺早期至关重要，但也不应该太复杂、太死板、太机械。如果我们执著于技巧，就会被技巧所累。

天衣无缝：最完美的艺术是浑然天成。

虚情假意催生伪艺术：许多伪艺术都源自虚情假意，妄图制造一件艺术品，没有实际的体悟和真情实感。

好艺术的四个基本条件：艺术的形式要求——
- 原创，忌重复模仿。
- 简洁，忌庞杂。
- 易懂，忌晦涩。
- 表达简单，忌形式复杂。

全心全意地投身艺术：坚定、专注且专业的灵魂少之又少。

真正的艺术无以言传：我坚持认为艺术——真正的艺术，是无法言传的。此外，艺术也绝非锦上添花的装饰品，相反，在**尚未**企及之前，艺术始终是个不断成熟的过程！

艺术是获得个人自由的途径：艺术，归根结底，是获得"个人"自由的一种途径。你有你的途径，正如我有我的方式。

艺术家之道：将所有训练抛诸脑后，令心智（如能诉诸语言的话，姑且称作心智吧）全然进入无思无想之境，最终破除我执、消泯自我，艺术才能臻于完美。

真正的艺术家不为公众服务：真正的艺术家不为公众服务，他的工作是为追求纯粹的快乐，兴致高昂，从心所欲。

消泯了自我意识，艺术也将随之达到巅峰。艺术家唯有忘却自己过去留给公众的印象，也不介怀将来会带给公众何种新印象，他才会感到自由。

艺术的终极追求是简单：简单是艺术的最终境界，也是发乎自然的伊始。

艺术的存身之处：艺术存在于**绝对的自由**之中，没有绝对的自由，就谈不上创造。

艺术的要义：关键是要将艺术作为一种求道的手段。

甘于奉献的艺术家非常难得：在格斗艺术中，培养一个身心都经得起考验的接班人已是不易。而要找出一个条件合适且具有奉献精神的艺术家，更是千载难逢。

电影拍摄

渴望拍部好电影：我渴望拍一部真正的好电影。但无奈，本地的制片商大多难以令我满意。事实上，我很乐意与认真对待电影的人促膝长谈，即便只是谈谈，我也求之不得。

电影是商业与艺术的结合：不论在香港还是好莱坞，电影都是商业与艺术的结合，这是不幸却也不争的事实。

切勿美化暴力：我认为不应该把暴力和侵略设为电影的主题，美化暴力总归是有害的。

掀起新热潮：我有意在美国掀起一股功夫电影的新热潮。在我看来，它比西部枪战片扣人心弦得多。在西部片里，大家都只用枪。而我们则可以活用任何东西，这是对人体的一种展示。

做导演的好处在于可以创造：我还想执导更多影片，我觉得，做导演更具创造性，有机会切实地去制作你想要的作品。

表 演

优秀的演员：那么，一个优秀的演员究竟是怎样的？首先，他并非"电影明星"，这个抽象的称谓无非是他人给予的一个标签。现在很多人想做的不是演员，恰恰是"电影明星"。在我看来，一个演员展现给观众的应是其整体素质：他对生活的高度理解、他出众的品味、他亲身经历的幸与不

幸、他的一腔热情、他所受的教育，等等。正如我方才所说，一个演员是其整体素质的综合体现。

演员是出色的传达者：一个演员，尤其是一个不落窠臼的好演员，实际上是位"出色的传达者"。他不单单只是被动地依样画瓢，更要在艺术表达上将艺术与商业不露斧痕地调和起来，使之合二为一。平庸老套的演员多如牛毛，而要沉下心来磨砺成一名身心都很出众的演员却非易事。世间没有完全相同的两个人，演员亦复如是。

演员的创造性有限：演员难免受限，只能遵循导演的指导。就我自己而言，鉴于我今日的地位，多少还能参与一下制作。但这种情况仍旧有所不足，因为我知道我那是在插手别人的工作，而我也不愿如此。

演员首先是一个人：在我看来——这仅是我的个人观点，演员也和你我一样，首先是一个人，不是标签化的耀眼"明星"。所谓明星，毕竟只是个抽象的称谓，是他人给予你的头衔。

演员是个敬业的行当：从影二十载，我认为演员是个敬业的行当，勤勤恳恳，甚至可以说是拼命。唯有如此，才能拥有高超的理解力，成为能充分表达自我的优秀艺术家，在身体、心理和精神上都能打动观众。

表演是真诚的自我表达：演员必须真实地表达自我，就像在某些特定的场合下，人会自然而然地真情流露一样。因此，演员不能刚愎自用，要保持一颗平常心，探索自己的灵魂，不断充实自己。敬业，绝对的兢兢业业，才能一往无前。

要创造，不要模仿：如今，一个真正见功底的优秀演员很是难得，这样的演员懂得真实地做自己。现在的观众并不愚蠢，演员不能只简单地走个过场，就妄图令人信服。即便这种肤浅的"表演"尚具有一定的专业水准，但到底不过是模仿罢了，绝非创造。

一个演员是其整体素质的总和：何谓演员？是否可以说一个演员就是其整体素质的总和——他的理解能力，他根据场景的要求真诚地表达个人感受进而感染观众的能力。这样的艺术家会从普通演员中脱颖而出，美国人常赞其"魅力超凡"。观众在屏幕上看到的，实则是一个演员理解力、品味、教育背景和感染力的总和。

做演员的不如意：我很想饰演不同的角色，但在东南亚我难以如愿，因为我已经被定型了。我只能饰演好人，乃至不能有一点瑕疵，制片人都不同意我转型。此外，我也无法在电影中充分地表达自己，否则观众可能有大半时间都搞不懂我在说什么。

表演的艺术：我认为表演是门艺术，就像习武一样，也是一种自我表达。表演和所有职业一样，都需要全心全意地投入其中，在这一点上，没有任何"如果""另外"和"但是"。

商业与才华：在某种程度上，当今的电影基本都是务实的商业头脑和创作型人才携手共创的产物，二者互为因果。对于端坐办公室的高层管理者来说，演员就是一种商品或产品，只关乎钱、钱、钱。"能否畅销"是他们最关心的问题，票房吸引力高于一切。在一定程度上他们错得离谱，但换个角度看，他们也是对的，这一点容我稍后再叙。虽然电影事实上是商业头脑和创作人才携手的产物，但将演员——一个有血有肉的人——视作商品，情感上我有些无法接受。

第六章

自我解放

限　制

个体与"应然"：一个独立的个体何苦要依赖那些鼓吹了数千年的金科玉律？典范、规矩与"应然"教人虚伪。

"复归于婴儿"：请解开内心的瘀滞，雕琢过的心灵不会自由。抹掉过往的一切经验，"复归于婴儿"[①]。

莫使思想被过去的经验染浊：你越是保持觉知，就越能超脱于日常经验之外。如此一来，你的思想将始终纯净，不被过去的经验染浊。

消除所有精神障碍：为使心灵返璞归真、应用无碍，应当消除所有的精神障碍。

卸下内在的顽抗：你是选择顺势而为，随流外在环境，还是苦苦抵抗你无可选择的命运？

真谛存乎一切既定模式之外：训练会将人限制在特定的体系框架内。所有固定模式都缺乏适应性。真谛存乎一切既定模式之外。

---

① 语出《道德经》第二十八章。——译者注

清空念想，拓展生命：若你眼中蒙尘，世界就会变成一条狭窄的小径。不执著于任何外物，生命才能宽广无极。

如赤子般度过每分每秒：我们活在老套而固化的日常生活中，一遍又一遍地扮演着同样的角色。要挖掘自身潜能，就要**活在当下，重新审视每分每秒**。

断除你的限制条件：一个人必须断除过往的限制条件，不再受其左右，才能随时随地保持全然清醒的觉知。现实瞬息万变，即使是我在说这些话时也不例外。

体　系

拘泥于形式有碍发展：形式有碍发展，放诸四海皆如此，哲学亦复如是。任何领域的奠基人都具备过人的独创性。然而，承其衣钵的弟子如不能继续独树一帜，一切只会逐渐固化，走进死胡同，更何谈突破与发展。

无招之招：当你明了虚实无别，亦无所谓相互转换的道理时，你已领悟无招之招。执著于招式，心有所住，并非正道。运用之时技巧自现，才是无迹可循的正道。

勿一味否认：不要一味否定传统方法，这无非是另一种画地自限。

缅怀一位自由之人：谨以此碑缅怀一位饱受"体系绝境"充斥和扭曲的自由之人。①

愚昧的追随者化神奇为腐朽：（一种流派或路数的）创立者也许曾触及部分真理，但随着时间的推移，特别是待到创立者谢世之后，他所留下的部分真理就变成了金科玉律，甚至还成了排斥异己的偏颇信条。而为了将这部分知识代代相传，后人不得不将原本丰富多变的应对之策，按照逻辑分门别类，以利保存。创立者最初的一些个人见解，就此成了不可动摇的至理名言，包治百病的灵丹妙药。这样一来，这些后继之人不仅将这部分知识捧上了神坛，更将宗师的智慧埋进了坟墓。整理和保存这部分知识的方法必将越发精细，门徒也势必为此耗费大量心思，渐渐舍本逐末。后来之人便会将这些"条理分明的见解"视作全套真理。当然，在这一过程中许多看似不同的路数也会不断涌现，没准还能另起炉灶。但很快，这些新派也会故态复萌，结成大型组织，个个自诩"正统"，排斥异己。

---

① 李小龙曾委托朋友为他打造了一块微型墓碑，旨在戏剧化地影射传统功夫流派的死板僵化。他将武术界的这种死板僵化，称为"体系绝境"。——译者注

信仰的弊病：信仰束缚人、孤立人，是一种已然固定的套路。套牢。约束。捆绑。它永远无法进一步理解全新的、鲜活的、尚未被创造出来的事物，换言之，也就摧毁了一切新奇、新鲜和自主的发现。

招式妨碍情绪表达：诸如愤怒、恐惧等真实情绪涌现时，一个人还顾得上用经典的招式"表达"自己吗？还是他只能听凭自己大喊大叫，下意识地按照自己的方式作出反应？

模式的奴隶：人为了摆脱困扰、摆脱不确定而设立了各种模式，譬如行为模式、思维模式、人际交往模式，等等。于是，人就成了模式的奴隶，还把模式当作真实的东西。

方法是求知路上的障碍：千百年来有一个错误反复上演，即是将真理立成法律、设为信仰，为求知的道路设置障碍。这种方法本质上就很愚昧，以恶性循环的方式遮蔽了真理。我们应打破这种怪圈，与其寻求知识本身，不如多找找我们无知的原因。

教条蒙蔽我们的双眼：若我们站定立场、树起教条，我们所能看见的东西就会减少，甚至视而不见。因为眼里一旦有了确定的目标，其余的道路和门径便入不得眼了。

传统的本质：传统即惯性思维。

传统奴役思想：经典的传统方法奴役思想，令人沦为一介产品，无法成为独立的个体。你的思想只是千年来的贻累。

个体重于体系：个体位居首要，体系只在其次。记住，是人创造了方法，而非方法造人。切勿削足适履硬套前人的模式，他人之法，你未必适用。

真谛存乎一切既定模式之外：所有固定模式都缺乏适应性。真谛存乎一切既定模式之外。

突破体系，才能自由表达：不拘泥于任何既定模式，才能进行真正的观察。唯有突破体系，方可自由表达。风格是种倾向性的反应。

以无法为有法：人本在不断成长，但当他被一套既定的思维模式或行事之"法"套牢后，也就停止了成长。

因循守旧的局限：所谓以无法为有法，"法"即意味着限制。有界限，就有枷锁；有枷锁，便滋生腐朽；而腐朽，意味着气数将尽。

不要局限于一种方法：你可知条条大路通罗马？何必局限于一种方法，不如按照自己的办法行事。我们始终处在学习的过程中，然而"风格"（或体系）却是已经盖棺定论的东西。你不能因循守旧，因为你每天都在成长，都在学习。

认定之法禁锢思想：不论你认定的方法多么准确无误，都会禁锢思想。认定一种方法就是在培养排斥之心，而排斥意味着拒绝理解。循规蹈矩的思想注定不自由。任何一种技法，再是行之有效、难能可贵，一旦执著，便成痼疾。

个人的创造性胜于任何体系：活生生的人，有创作力的人，胜于一切既有体系。

风格已死，人在成长：我们始终处在学习的过程中，然而"风格"却是已经盖棺定论的东西。你不能因循守旧，因为你每天都在成长，都在学习。

墨守成规者是传统的奴隶：墨守成规者满心充斥着惯例、规矩和传统表达。他所做的，就是将鲜活的当下化为陈词滥调。

组织化的武馆容易培养出观念的囚徒：我对任何体系或组织都不再感兴趣。组织化的武馆往往遵照固定的程式授艺，容易培养出概念化、模式化的囚徒。而且强迫学员去适应死板的套路，还会招致阻碍其自然成长的恶果。

超　脱

流转于空境，圆融无碍：你所掌握的知识与技能终究意在"忘却"，如此方能从心所欲，流转于空境。

观照事物的本来面目：观照事物的本来面目而心无挂碍，不起心动念，不再受相对经验和二元思维的束缚，不执著于任何事物和念头，如此，再无枷锁。心无所住，是生命的本源。

除灭心障：欲精于所学，必除灭心障，心空（即流动）而忘技，何劳刻意用心。

虚空不能缚：无形不能损，至柔不能折，虚空不能缚。

不执著即摆脱肯定与否定："想要"是一种执著，"不想要"也是一种执著。因而不执著意味着要同时摆脱肯定与否定这两种状态。换言之，不执著是既想要又不想要，既是又不是，尽管这种表述看似有悖逻辑。

超脱的艺术：弃绝思考，而实无所弃；研学技艺，而实无所学。

直面弊病，弊病自除：与你的弊病同生共存，此乃祛病良方。

空的力量：虚空不能缚，至柔不能折。

执著有碍发展：冲突——从**当下**回溯至**当时**。人总是试图维持不变，正是这种执著阻碍了人的发展。

无念（无心）

无念即不住：无心或无念既不是指大脑空白一片，没有任何起心动念，也不是指冷酷无情或心平气和。虽然静与息必不可少，但无念主要指的是心的"无所执著"。若心有所住，则意味着停滞。心一旦停止自如流淌，就不再是无念无心的状态。

心无所执则流动自如：不执著即心无所住，心流一刻不歇地流动，摆脱局限，不起分别。切勿有意将心系于任何一处，且任由它充盈周身，自如地流动于你的生命之中。正如阿伦·瓦兹[①]所言："'无念'是一种浑然圆融的状态，心无

[①] 阿伦·瓦兹（Alan Watts，1915—1973）：哲学家、作家，出生于英国，1938年移居美国，素以向西方宣讲东方智慧而闻名。——译者注

拘无束、自由自在，再没有其他意识和我执擎着大棒高高在上地指手画脚。"言下之意，即从心所欲，不再受其他思想和自我的干涉。

无心即自如地思想：当心自如思想时，绝不会掺杂刻意放下的念头，而正是这种不刻意用心的状态，才能断灭思考者的我执。无须有意为之，物来则应，接纳一切，包括那些难以接受的。

无心即圆满："不见"和"无心"不是弃绝，而是圆满。超越主客二元论的"见"，才是真正的观照。

无念即觉知无碍：无念不是无知无觉，而是指毫无阻滞地觉知，不受情绪左右，"如水长流不滞"。无念看似用心，又实无用心，正如我们无须特意用心，就能眼观万物。

观音的寓意：大慈大悲的观世音菩萨，有时会化身千手观音，千手各执法器。若于执矛之手心有所住，则余下九百九十九手不能自在妙用。正因其心无所住，流动于各大法器之间，千手皆能运用自如。因此，所谓"千手"无非是为昭示众生，若了悟真谛，纵使千手生于一身，也自能妙用。

无心即忘我：我必须摒弃自身对内在和外在世界的操纵、管控和扼杀之欲，全然开放且清醒地活着。这种状态又名"忘我"——并不是一种消极的心态，而是要积极地兼容并包。

无心即流动的"平常心"："不住心"是流动自如的心，也被称作"无心"或"平常心"。若心有所住，也就无暇他顾。但要是妄图消除心中所念，实际也不过是以此念代替了前念。那到底该怎么做呢？什么也不要做！不要放下，不要化解——不要庸人自扰，这本就是平常心，无甚特别之处。

禅 宗

禅并非形而上学：禅旨在摆脱形而上学的罗网，摆脱困囿生命的无意义的努力，崇尚简单直接的生活。

禅告诉我们世间无题亦无解：禅向世人揭示了除了现世我们无处可去，没有能浇愁的酒馆，也没有能赎罪的监狱。禅不曾向我们指出这世间究竟有何症结，相反，它主张一切烦恼的根源，恰恰是我们没能认清世间本无烦恼。因此，也本无解决之道。

敬茶的寓言：曾有一学者去向禅师问禅。禅师说话时，学者频频打断他，说自己这也知道那也清楚。最终禅师止语，转而为学者敬茶。他不断地往茶杯中注水，直至杯满而溢。"停，"学者出言阻止，"茶杯已满，盛不下了！""这我当然知道，"禅师答道，"但你如不先倒空自己的杯子，如何喝得了我这杯茶？"

佛法无用功处：佛法无用功处，只是平常无事。屙屎送尿，着衣吃饭，困来即卧。愚人笑我，智乃知焉。[1]

佛教八正道：纠正错误的价值观，了悟生命真实义，离苦得乐，须遵循以下八要——
- 首先，认清谬误。
- 其次，发愿修行。
- 付诸行动。
- 言谈符合修行正道。
- 谋生方式不悖修业。
- 勤于修业不间断，保持精进不退缩。
- 时时刻刻思念正法、观照正行。
- 身心寂定。

---

[1] 语出《镇州临济慧照禅师语录》卷一，《大正藏》，临济义玄禅师语。——译者注

又作：

- 正见（正见解）。
- 正思维（正志）。
- 正语。
- 正业。
- 正命（正当谋生）。
- 正精进。
- 正念（摄持自心）。
- 正定（禅定）。

禅宗不立偶像：禅令心灵脱离樊笼，反对将理想的精神状态"客观化"，赋予它一种实际的形象，由此树立偶像，迷惑求道之人。

跳脱因果：跳脱因果之道，在于心存正念、正志。

禅宗的主张：一种说辞是否符合禅意，只看其是否直指某一行为，与说辞本身无涉。

般若（智慧）：般若并非自我实现，而是超越主客二元论的终极实现。

菩萨：菩萨入圣之后，又从圣再度入凡。正是"直向那边会了,却来这边行履"①。

禅 定

禅定并非内省:禅定并非一种排除物质和外部世界干扰的内省技巧,不是只顾消除杂念,潜心静坐,一心固守自己的清净本性即可。禅并非讲究"内省"和"遁世"的神秘主义,不能"仰仗后天的思考"。若以为禅是一种可以通过净化心灵而"获取"的主观体验,则已然失之千里,一如"拭镜禅"②。

止心:现在,止心息念——当你的心完全停歇下来,变得非常平静、明澈,方能真正地着眼于"当下"。

禅定即般若:不要将禅定与般若分开来看,禅定不是手段,获取般若智慧也不是目的——二者实不可分,将般若与禅定的圆融统一体现于自身的一举一动中,这才是禅。

---

① 语出《古尊宿语录》卷十二,南泉禅师语。——译者注
② 中国禅宗有"南顿北渐"之分,北宗讲究渐修渐悟,祖师神秀偈云:"身是菩提树,心如明镜台。时时勤拂拭,勿使惹尘埃。"此处"拭镜禅"即指神秀此偈。——译者注

开悟即有知：开悟与我们通常所说的有知有识并无区别，唯一的区别只在于后者总以为知者与被知的对象间有区别，而开悟则消泯了这种二元论的差别。

禅定所得是无得之得：修行（不修之修）圆满后，人对任何事物皆无执著，虽然他仍处于平常之中，但心中已无平常与非常的计较。

禅定置人于当下：禅不能通过拭镜式的打坐来"获得"，而是"每时每刻都处于无我的状态"。我们不是要"成为"怎样，我们的自性"本是"如此。无须奋力修成，你本性已成。

禅定无目的：自然本心妙用自如，所思所想也全无目的。一旦有了目的，就要想方设法、有规有矩。目的催生对结果的渴望，而要实现目的必得筹措谋划，滋生无数旁枝。故而禅定，没有任何目的可循。

禅定无须格外用心：任何格外的用心都将进一步限制我们的心灵，因为用心即意味着要奔向某一目标。一旦你眼里有了目标，心里有了愿景，心便已然受限，而你还妄图用这样的心灵来坐禅。

禅定并非凝神：禅定绝不是一个凝心聚神的过程，因为思考的最高境界乃是无思。无思不是有思的对立面，而是一种不思之思，没有思与不思的差别，太虚廓然。

泰然自若即禅定：禅定意味着认识到自身泰然的本性。禅，即不昧于世间万象；定，指内心的安定平静。换言之，一个人超然物外，则定力自生。

核　心

抓住核心：我们自身好比漩涡，唯有核心处安稳宁静。但这一核心运动起来却犹如台风（风眼也很平静）般从内而外不断加速。核心实有，真实不虚，而漩涡不过是多维力场诱发的现象，因此要**抓住核心**。

定力：定力有如轮轴的轴心，能将零零碎碎散落各处的能量汇聚起来。

动中静：我时刻在动，而又实无所动。恰似水中之月，看似随波翻涌，实则未曾一动。

自　由

　　方法限制自由：方法越复杂越受限，就越难表达出最原始的自由感。

　　自由无法预设：自由无法预设，自由需要一颗深邃而蓬勃的觉醒之心，能跳出人为的学习过程，敏锐地感知当下，不带有任何沉重的目的。而预设则缺乏适应性，无法随机应变。对此，许多人会问："那我们究竟如何才能获得这种不受限的自由？"然而我无可奉告，一旦说出口，它就会变成一种固定的方法。我只能告诉你什么不是自由，却无法告诉你自由是什么。朋友，"自由是什么"得由你自行探索，除了自助，别无他法。

　　"获得"自由：谁说我们必须"获得"自由？自由一直与我们同在，无须借由特定的程式去争取。我们何须"变得自由"，我们"生来自由"。

　　谈自由：自由并非是要消灭外在的束缚感，而是不昧于这种约束感。不同的人以不同的方式感受自由。因此，自由有深有浅，与其问我们是否自由，不如问我们有多少自由。

　　自我解放：解放自我，只须悉心观照你的日常。别批判，别认可，只是观照。

自由表达：断灭过去种种，才能自由地表达自我。如果你一味地遵照传统，那你不仅没有领悟传统的真谛，更没有理解自我。

自由的枷锁：如果你被以下两点所缚，就谈不上自由——
- 利己主义。
- 金科玉律。

自由与敏锐的关系：越自由，越敏锐。

对自由的一种理解：自由存在于所有体系的共性之中。

个人表达务必自由：务必自由地表达自我。这条解放自我的真理，只有在生活中亲身践行，才会变成现实。

三大要义：简单。直接。自由。

自由不昧过往：断灭过去种种，才能自由地表达自我。

超越对错：自由之中不存对错。

自由与智慧：真正的自由是智慧的结晶。

自知即自由：自由在于时时刻刻自知自觉。

第七章

蜕变

自我实现

武术贩子（模仿者）：武术贩子盲目地遵从师训，因袭师父的风格，最终导致自己的武艺，尤其是自己的思想僵化守旧，一招一式全出自机械的套路，由此他也无法再进一步发展，破旧立新。他好似一个机器人，由数千年的规矩和教条拼凑而成。武术贩子几乎不懂得如何独立地表达自我，只会循规蹈矩按既定模式而行。所以他习得的始终是依赖性思维，不会独立钻研。

"镜子型人格"：镜子型人格的人，总想知道别人是如何看待自己的。他会主动映射各类流言蜚语，自我感觉时时受人评判，成了众矢之的，尽管他并未真的遭人指摘。

孤立无援是最强烈的不安：比起发明创造，我们总是对模仿更有信心。而自己内心深处与众不同的信念，我们往往对它缺乏绝对的信心。孤立无援的处境会引发最强烈的不安，而想要不孤单，就只有效仿他人。

成功无可复制：我四下游历，学到了一件事，那就是一定要做你自己，表达自己，相信自己。切勿向外求索，复制别人的成功。就我观察，这种现象在香港很是普遍，一味模仿他人的行为举止，从不曾从自己的本性出发，扪心自问：

"我当如何做我自己？"

真实必不可少：人生在世，还有比活得真实更要紧的事吗？尽情发挥你的潜能，不要把精力徒耗在树立虚假形象上，白白浪费宝贵的生命。我们面前的宏伟征程，才是真正需要我们殚精竭虑之事。

完成自身的人生使命：审视自心，若你坚信自己的所作所为正确无误，又何来忧惧？你只须不带任何掠夺与竞争之念，专心致志地完成自身的人生使命。

多数人宁愿任人摆布：我们大多数人都心甘情愿地做他人手头的工具，受人驱使，以此逃避责任，不必为自己的一时冲动和未必正确的抉择买单。不论强者弱者，都喜欢高举这个幌子。弱者用顺从的美德掩盖自己的恶意用心，宣称他卑鄙的行径，全是依令而行。而强者亦然，借口自己也不过是依照更高等的旨意行事，是上帝、历史、天命、国家或人民选出的工具。

自我实现乃最高境界：实现核心自我是一个人能企及的最高境界。

力争更好：始终努力变得更好，前途将无可限量。

得道之路：保持警醒意味着时刻认真以待，认真意味着与自己坦诚相见，而坦诚正是得道之路。

内心之光：不论如何你都得跟随内心的光芒，引领自己走出黑暗。

无知即盲目：不曾发觉自己行走于黑暗中的人，永远不会寻求光明。

修身之道：欲修其身者，先正其心（即端正思想）。欲正其心者，先诚其意。欲诚其意者，先致其知——致知在格物。[①]

何谓自我实现：我，就是此时此地的我。

塑造自我与塑造自我形象：没错，塑造自我与塑造自我形象之间不尽相同。多数人只为自己的形象而活，这就是为何有些人能发现自我，发现自我的原点，但多数人却难以做到。他们只顾为自己塑造这样那样的形象，宁肯将毕生精力奉献给一个"应然"的概念，也不愿将个人的潜力付诸实际。宁肯将所有心血浪费在装点门面上，也不愿潜心挖掘自身潜能，并发挥这股潜能以有效地与外界进行交流。

---

① 语出《礼记·大学》。——译者注

维护表象徒劳无益：为维持形象做表面功夫根本徒劳无益，一旦实际接触就会露馅。唯有做自己才能建立真实的人际关系，也唯有接纳自己才会带来转机。

自我实现的人非常真实：一个追求自我实现的人若巧遇同类，一定会情不自禁地说："终于有个活得真实的家伙了！"

如何做自己：自我实现乃人生大事。我个人的建议是，与其塑造自我形象，不如塑造自我。我希望人们能向内求索，真诚地表达自我。

吸收有用的：反思自己的经验，吸收有用的，摒弃无用的，再附加上自己特有的。

真正的个人主义是自强不息：他人的评价不是我的指南针。唯有自强不息方能出类拔萃，大多数人不过是随波逐流，人云亦云。

自我实现者追求自由与纯粹：那些不相信天赋或者压根没有天赋的人，不得不选择用金钱一类的替代物来弥补。若一个人对自己有信心，只求自由而纯粹地完成自己的使命，那么再是价值连城的金山银山，于他也无非是身外之物。兴许也乐于拥有，但绝不是他最本质的追求。

实现自我要懂得倾听：不要浪费时间去扮演什么角色，迎合什么观念。相反，不如试着发挥潜力，**实现**自我。这其中最要紧的是懂得倾听。倾听、理解、敞开心扉，都异曲同工。

自我实现之路最为艰难：为体现自身价值，我们要么发挥天赋，要么终日忙忙碌碌，要么还可以向外寻求一种归属，譬如投身一项事业、追随一位领袖、认同一个团体、担任一个职位，等等。相较以上三者，唯有自我实现之路最为难走。因为人往往只在其他体现自身价值的康庄大道多少有些受阻时，才会走上这条路。

实现自我即开悟：开悟[①]，乃是大梦初醒之意。觉醒、自我实现、观照自我，这些说法本质上并无二致。

神圣的旅程只能独行：每个人都必须自行摸索着去实现自我，无人可替。

自我形象滋生依赖性：若你否认自我，转而去扮演一个理想中的自我形象。你会逐渐迷失自我，变成你心中的那个目标，并对此产生依赖。

[①] 原文为日语罗马音 *Satori*，日本佛教禅宗用语，有开悟、觉醒、心灵顿悟之意。——译者注

纠结于概念会浪费宝贵精力：反复纠结于概念，令人愈发沉郁，无法看清真相，尤其恼火的是，还浪费了很多本应当用来促进自身发展的宝贵精力。

保持敏锐，提出问题，找到答案：最要紧的是保持敏锐，去质疑，去求索，这样才能唤醒自身的主动性。

自　助

只能自助：通过认真体悟和潜心学习，我发现最终极最有用的帮助，就是自助。实际上除了自助之外，再没有别的途径了。而所谓自助，就是要全力以赴，全身心地履行没有终点、永在路上的使命。

认错：只要敢于认错，总能获得原谅。

勿求外在帮助：不肯自助，总求助于别人来解决自己的问题，这才是问题所在。即便我告诉你上万种解决之道，那也都是我的办法，不是你的。解铃还须系铃人，你坐下来听我唱独角戏根本于事无补。

离苦得乐的良药就在你心中：治愈痛苦的良药一开始就

藏于我心，但我没有服下。我的病症全因心魔作祟，但我未曾领悟。时至今日，我才恍然大悟，我当如蜡烛般燃烧自己，否则将永远寻不见光明。

自助形式多样：自助的形式多种多样，譬如不加拣择地观照日常生活、为人真诚、凡事全力以赴、不屈不挠、勇于奉献，等等。不过最要紧的是要明白自助既无终点，也无限制，因为生活本就是一趟一往无前的旅程。

心是自我解放的关键：人人都有画地自限之嫌，任由愚昧、懒惰、自私和恐惧禁锢着自己。你必须解放自我，顺应我们身处的这个世界，就像"暑热则汗，冬冽则颤"。

自力更生：自力更生，即弄清自己的所求，发现自己的所长。

战胜自我：成大事者，要先能战胜自我。看清自己，才能明辨是非。

未竟之事：一旦留有**未竟之事**，我们就会背负起沉重的过往。

最伟大的胜利是战胜自己：战胜自我是最伟大的胜利，

是强者的胜利。

认清自性，方能自控：自控自律，首先要顺乎天性，接受自我，不予违背。对此，每个人都应独立思索。高个子的方法未必适合矮个子，慢性子的对策也未必适合急性子。人各有长短，须自性自知。

自　知

认识自己：犹未晚矣！认识自己！！

内在的答案：与其订立严格的规矩约束思想，我们更应该反躬自省，认清自己的问题和蒙昧无知的原因所在。任何真知灼见最终都指向自我认知，你必须自己去寻找真相，切身体会生命的每一分钟。

自知包括认清自己与他人的关系：一个人只能在与他人的互动中认清自己。人际互动实际是一个自我揭露的过程，就像照镜子一般，你能从中发现自己——人只要活着，就会与他人产生关联。

自知是一种自我解放：当你用觉醒的眼光审视自己的生

活时，势必能加深你对自己的认知（即看清自己的身心），从而把自身之外的世界看得云淡风轻。换言之，自知具有解放自我的力量。

人之大患：人生最大的祸患，就是缺乏自知。1965 年，我初来乍到，接拍了电视剧《青蜂侠》（ The Green Hornet ）。我环顾片场，处处是人，而当我的目光落到自己身上时，我只看到一个机器人。因为我妄图从外部获取安全感，迷失了自我。我一味追求那些外在的技巧：如何挥动手臂，如何走位，而从未反身问问自己——要是李小龙遇上这样的事，他会如何应对？

批评别人易，了解自己难：批评他人、打击他人非常容易，但了解自己却需要一生之久。而如何为自己的行为负责（不论好坏），又得另当别论。总而言之，所有认知最终都无非是自我认知。

不断地自我揭露：生活中我总在不断自省，日复一日，循序渐进地揭露自我。我越是深入地探索内心，我活得就越简单。越来越多的问题浮出水面，而我看问题的眼光也越来越清晰。这一过程并不意在进一步促进自我发展，相反是在重拾那些被我们忽视的东西。这些东西始终与我们同在，从未丢失、从未变样，错的只是我们过去对待它们的方式。

质疑的必要性：我知道，我们都自认聪慧，但我很好奇，有多少人自拥有了学习和感知能力后，对那些强行灌输给我们的道理，产生过自己的质疑和探究？

学会真正的"看"：虽然我们都有一双眼睛，但多数人并不曾理解"看"的真谛。当我们有意盯着别人的过错看时，常能飞快备好一顿责难。然而真正的"看"不带任何拣择之心，令人耳目一新，进而引领我们发掘自身潜能。

找出你的不满：如果你很难与别人来往，那就找出你的不满之处。一旦你觉得心有怨怼，就找找令你不满的原因，表达出来，明确你的要求。

自知是通往自由的道路：自由在于时时刻刻自知自觉。

为腹不为目：驰骋畋猎令人心发狂，难得之货令人行妨。是以圣人为腹不为目，故去彼取此。[1]

自知与智慧：理解自我即智慧。

---

[1] 语出《道德经》第十二章。——译者注

自觉与机械：要有"自我意识"，别机械地重复。

超越：我已由塑造自我形象转变为塑造自我，由盲从于教条和一套套"真理"，转变为向内探寻自身无知的缘由。

受人尊重与自尊：受人尊重与自尊，哪个更重要？财物与自身，哪个更贵重？得与失，哪个更有害？得到越多，就必须失去越多。越重视外物，就越轻视自己。越仰仗他人的尊重，就越难以自我满足。

自知才能精于所学：真正的融会贯通，囊括一切艺术形式。掌握艺术的根源，在于先掌控自己——通过自律，培养出使自己平静下来、保持觉知、与周围环境和谐共处的能力。唯有如此，人才能了解自己。

认识自我是终身的使命：只要我们活着，就得发现自我，认识自我，表达自我。

自我表达

走向自我表达：朝着自我表达和自我实现的方向前进，切勿碌碌无为，重复刻板的套路。

自我表达的重要性：表达自我至关重要。唯有自强不息方能出类拔萃，大多数人不过是随波逐流，人云亦云。

表达你眼中的真相：人不能只会模仿，更要竭力表达你所看见的真相。

表达自我有助于建立真实的人际关系：何必故弄玄虚，佯作深沉，保持简单开放就好。真真切切地做自己，才能建立真实的人际关系。

如何表达自我：自我表达的唯一途径，是抢在你的身心尚未将这一刻剖析得支离破碎之前，及时而完整地表达当下的自己。

真诚地表达自我最是不易：朋友，真诚地表达自我，不自欺欺人，最是不易。

自我表达是对现状的反应：人不"表达"自我，便不会自由。于是他只得奋力养成一套有条不紊的日常模式。很快，他就会以这套模式应对一切，无法再对瞬息万变的现状做出真实的反应。

成 长

个人成长：成长是指在扮演一定的社会角色的过程中，逐渐弥补自身的性格缺陷，从而使自己重新变得完整。

成长需要付出：成长，发现，都需要付出心血。我日日如此，有时如意，有时失意。

理解"当下"与"如何"：每当你在琢磨"当下"与"如何"这两个词时，你就是在成长——这是一种再度整合的补救之道，令你重拾本属于你的东西。

成长的本质：成长是孜孜不倦地发现和理解生活的过程。

学无止境：我不敢说我已有所成就，因为我仍在学习，学无止境。

前行：切勿执著于你所拥有的东西。恰似引渡之舟，一旦你到达彼岸，何须再负舟上路，只管继续前行就好。

发现＋理解＝成长＋学习：日常的发现与理解，就是我们成长学习的过程。我很欣慰自己每日都有所成长，仿佛没有极限一般。我很肯定，我天天都在收获新的启迪、新的发现。

日日求新：我日日都在图新求进，否则便容易僵化落后。

成熟与成长：世上没有所谓的"成熟"，只有成长。因为一旦成熟，就意味着结束与停止，意味着已到"终点"，已到盖棺定论之时。

成长：成长意味着对自己的生活负责，独立自主。成长是从依赖环境的支持，转变为自我支持的过程。

不断成长：人本在不断成长，但当他被一套既定的思维模式或行事之"法"套牢后，也就停止了成长。

年龄和发现：随着年岁增长，你的身体状况会逐渐走上下坡路，但你每日对生活的观察和发现，却能始终如一。年岁不会让你日益健康，但能令你愈发睿智。

理解即建立联系：我们理解得越多，与周遭的联系就越深越广。

成长的目标：成长的目标就是少"思考"，多感受。多接触世界，多了解自己，不要只停留于幻想和偏见。

挫折教人成长：人必须经受挫折才能成长，否则他就没有动力自行去摸索应对世界的办法。

成长是比较的结果：比较出新知。

向错误学习：从错误中汲取教训，即是成长。

简　单

至简＝平常：至简就是平常，就是最直接、最合理的平常之道。

高手追求质朴：高手追求质朴无华，半桶水喜欢虚华浮饰。

愚人之道：愚人——行事没有准则，一切顺其自然。此乃大巧若拙。

返璞归真是修炼的最高境界：返璞归真——深入修炼的最终归宿。天才的一大特点，就是有能力洞悉并表达最简单的真相！伟大的禅师也总力求用最少的言语和动作，传达无尽之意。

简单就是舍弃多余之物：日益积敛不若日益抛减——

舍弃多余之物！越近源头，杂质越少。

虚华之辞惑人：前识者，道之华。①

简单也难：简单之旨，难以言传。

简单是一种心态：简单是一种没有冲突、没有攀比的心态。它是你面对问题时最本能的感觉，所以若以特定的观念和思维模式去应对问题，便已然化简为繁。

简单乃自然之道：自然之道如水，如女性，如婴孩，乃贵柔之道。所谓贵柔，看似旨在推崇"柔弱"，实则意在强调"简单"。

---

① 语出《道德经》第三十八章。——译者注

第八章

终极法则

阴　阳

阴阳：阴阳是一个整体中相互关联的两个部分，其中任何一半都包藏着另一半的特质，互为补足。从字面上讲，阴为暗，阳为明。

阳的含义：阳（白）代表积极、坚定、男性、实在、光明、白昼、炎热，等等。

阴的含义：阴（黑）代表消极、柔韧、女性、虚无、黑暗、夜晚、寒冷，等等。

阴阳的基本理论：阴阳学说的基本观点是世间没有一成不变的东西。换言之，盛（阳）极则衰，这种衰就是阴。同理，衰极亦会转盛，此为阳。故而盛乃衰之因，反之亦然。整个阴阳系统此消彼长、循环往复。由此可见，阴阳二力貌似冲突，实则相互依存，同根而化育，并非敌对。

阴阳不是二元论：西方常将阴阳二力误解为二元对立的关系，以阳为阴之对立，反之亦复如是。或者顶多认为阴阳互为因果，并未认清二者的关系其实犹如光与影、声音与回响。

阴阳并非阴和阳：言及阴阳，你不能在中间加上"和"

字，因为阴阳从不是两种东西，而是一体之两极，彼此关联。譬如骑车，你既不能同时踩下左右两侧的踏板，也不能左右都不踩。除非两条腿协同运作，否则寸步难行。二者缺一不可，无从分割。那么这种思想究竟有何用处呢？它会让你意识到想要徒手拉动一头大象，有多么违背常理。我们必须遵循自然规律，就像蹬自行车一样，踏板要踩一只放一只。只踩不放或者只放不踩，都将困于原地，永远别想欣赏到户外的风光。

阴阳的内在平衡：在太极阴阳图中，黑鱼有白眼，白鱼有黑眼。[1]这也可用来表示生命的平衡，因为不论是纯阴（被动）抑或纯阳（主动）都不能久持，任何极端都非长久之道。顽木过刚易折，韧竹顺风而存。不论寒暑，至极则死。盈不可久，唯知足知止方可长久，故阴阳者，阴中有阳，阳中有阴。

乾坤（阴阳）互补相得益彰：坤即阴、顺承，乾即阳、健进，二者互为弥补，相得益彰。乾坤并行不悖，坤者能弥补乾之不足，乾者能激发坤之生机。不过，若坤者违背自身立场，妄图行乾者之道时，便会破坏平衡，招致麻烦。二者本互为因果，打破平衡，会导致乾坤对立的恶果。乾乃

---

[1] 太极阴阳图又称太极双鱼图，鱼眼即阴中阳，阳中阴。——译者注

生发之象，但离不开坤的孕育。而坤者顺也，讲究顺应自身品质，因时而进。因此坤卦无所图谋，也无须刻意用功，不过顺其自然，动静开合合乎阴阳之理，"柔而不屈，强而不刚"①。

禅与阴阳：禅宗的许多理念都源自古代中国人对平衡的信仰，譬如阴象征女性和柔顺，阳象征男性和坚毅。在此基础上还有一点补充：没有纯阴纯阳之物，万象均柔中带刚，刚中带柔。

阴阳与苦乐：苦乐不是对立的概念，它们彼此依存，相因相成。若我不曾受苦，又如何知道什么叫乐？反之也是一样。仰望天空，正因有了明亮的硕星作参照，我才能分辨出晦暗的小星星。而要是根本没有如墨的夜空，也就看不到任何星光了。所以，苦乐并非相争相斗，而是如波浪般起伏有时。

阴阳之道："将欲歙之，必固张之；将欲弱之，必固强之；将欲夺之，必固与之。"② 世间万事万物都存在消与长

---

① 语出《国语·越语下》。——译者注
② 语见《道德经》第三十六章，原文为："将欲歙之，必固张之；将欲弱之，必固强之；将欲废之，必固兴之；将欲夺之，必固与之，是谓微明。"李小龙摘录时对其略有删减。——译者注

（阴与阳）的交替。

阴阳与东西方文化的关系：万事万物各有优劣，不可能面面俱到。西方文化固然有卓越之处，东方文化亦另有所长。譬如手指，各有长短。整只手协同合作，便无所不能。中国文化自有所长，西方文化亦有其短。两种文化并非相互排斥，而是互为补足。缺失了任何一方，另一方都将黯然失色。

阴阳与男女：没有女人理应被动地顺从。女人柔而有道，自有"骨气"。同理，男人也并非全然刚毅，他的决意也会被柔情软化。

阴阳是一：事实上，万物圆融是一，不可分裂为二。好比我说"我热得出汗"，这里的"热"与"出汗"实则是"一"，它们是共存关系，二者缺一不可。正如客体离不开主体，进攻者也并非处于一个全然独立的位置，相反是起到了助力的作用。万物都有其互补性，互补而共存，相互依赖，互为因果，并非是两相排斥的关系。任何一方都不能独立存在，只能与互补的另一半相因相成。恰似阴阳相济，和谐统一。

阴阳与极端：任何事物，至极则生变。譬如，现今很多男孩的发型并非修剪而成,而是戴了假发。但这种时尚必不能久,因为一旦流行太盛,佩戴者和旁观者都会觉得腻味。当然,兴许旁观的人会先一步产生审美疲劳,但无论如何早晚大家都会厌倦的。而那些所谓的富豪厌倦得更快更彻底,总爱走向另一极端。

阴阳与多言:多言数穷。[①]

整 体

勿存偏私:勿存偏私,凡有偏私则难逃片面——要从**整体**着眼。

动用全部创造力:不要仅凭一些灵感的碎片,"吊儿郎当地"进行创作,要动用你的全部创造力(最原始的创作能量)。

整体与开悟:开悟意味着照见"真谛""真相"的本来面貌,断灭蒙昧,从此"应现无穷"。值得强调的是,这种修行不是"以局部入整体",而是要"修得整体的圆满,而后应用于局部"!

---

① 语出《道德经》第五章。——译者注

局部有效的方法，奈何不了整体：局部有效的方法，奈何不了整体。只着眼于局部的零散应对模式，如何应付得了全局？大中有小，但小却容不下大。

圆融即自由：流动而后知变，自知而后觉悟，圆融而后解脱自在。

不昧好恶：观照万象而不起好恶，在这种纯粹的观省中，方能照见全貌、杜绝片面。

勿执一见：拥有整体意识，才跟得上瞬息万变的当下。倘若你始终固守某一片面之见，势必无法应对飞速流转的现状。

行为的整体性：行为本无所谓对错，只有割裂来看时，才有了对错之别。

成为整体：生物是协调运作的有机整体。我们不是各个部分单纯相加的总和，而是构成有机体的所有局部巧妙协作的结果——五脏并非我们的**所有**物，相反，五脏六腑**就是**我们自身。

看清全局：唯有置身事外，才能看清全局。

道

道的历史：对中国人而言，至高无上的概念以及一切事物的本源就是虚无、空虚，是玄之又玄的存在，抽象而普遍，此即为道。在孔子之前，"道"指的是一条道路或一种方法。而孔子最先把它引作一个哲学概念，用来表示道德、社会和政治上的正确行为方式。道家则用"道"来表示万事万物殊途同归的同一性，类似有些哲学家[①]所说的"绝对"。"道"是天地万物之始，纯朴、无形、无私、不争而圆融。

《道德经》的贵柔思想：老子在道家经典《道德经》中阐明了贵柔的思想。不同于人们普遍尚强的观念，老子认为象征柔软、顺从的"阴"，才是求生求存之道，"柔弱者生之徒"[②]。相反坚毅、牢固的"阳"，重压之下，难逃摧折之危。

与道同在的个人体悟：我躺在船上，感觉自己与道合而为一，与自然合而为一。我只是躺着，任船自在地随流漂荡。那一刻，一切对立都在我心中彼此交融，不再生起任何冲突。世界在我眼中浑然一体。

[①] 譬如黑格尔（Hegel，1770—1831），德国哲学家，"绝对"正是黑格尔哲学的一个核心概念。——编者注
[②] 语出《道德经》第七十六章。——译者注

道与空：道亦柔、亦谦、亦虚、亦静，有时也被称之为空。好斗致挫，骄慢致堕，用强致败，皆因误解道之真意。

道家哲学：道是天地万物统一的本质（一元论），讲究返璞归真、阴阳分化、循环往复，世间万物的差异性与相对性概莫能外，终要复归为一。道乃超凡之神智，万物之本源。了解了这一道理后，道家自然解脱了你争我夺的利益之斗。由此，基督登山宝训①所强调的"谦"与"柔"也能以此为基，在人们心中播下和平的种子，体现出柔顺不抵抗的重要性。

道即真理："道"无法确切地翻译成英文，不论是译作"方法""原则"还是"规律"，都未免狭隘。尽管没有一个词能准确地表达道的含义，但我还是勉强用"真理"来代替。

真　理

抱诚守真：走自己的路，抱诚守真，独立求索不懈，不

---

① 登山宝训（Sermon on the Mount）详见《圣经·新约·马太福音》第五章至第七章，耶稣基督在山上宣讲神道，这段讲话被认为是基督徒言行的准则。——译者注

要盲从于他人绘制的蓝图。

真理与疑问同在：我们在钻研问题的过程中发现真理。答案与问题密不可分，理解问题就是在解决问题——问题即答案。别以为我们能找到一个放诸四海皆准的答案，一次解答所有疑问。

判断命题的真伪：命题成立的条件——
- 每一个子命题均合乎事实。
- 每一个子命题均为代表特定事实的符号，譬如音阶。若代表的内容属实，则命题为真。
- 不可界定性。
- 相干性。
- 每一个子命题都相互契合，不存在矛盾。
- 不曾割裂经验的主体与客体。
- 确保经验的完整性。
- 事实合理连贯。

判断论述的真伪：一个事实性论述不与其他事实性论述相互矛盾，则该论述真实。

判断信条的真伪：个人依据该信条行事不致违背本心，则此信条可信。

自然界中的真理：万事万物都蕴含着真理，大自然正是如此教导我们的，尽管有时也会滋生误解。

寻求真理的人活在当下：一个真正渴望探求真理的人，不会画地自限，他只是真实地活在当下。

真理必须亲身实践才有意义：所谓饱汉不知饿汉饥，有些事必须经历才能理解。别人消化的食物，不能为你提供生存所需的能量。

认清真理：当你舍弃所有争强好胜的念头，不再执著于出人头地，真理将自现于前。它只出现在你的心灵静如止水，永远静默地聆听一切之际。

追求真理的范例：我曾说过："按图索骥找不到真理。"你认定的真理必定与我不同。起初，你可能认为这就是真理，随后又会因为有了新发现而否定前见，这正是你逐渐接近真理的过程。或许，当我们不断了解什么不是真理后，也就离真理越来越近。譬如人人都会经受痛苦，但不代表人人都能理解它、接受它，甚至还会刻意否认它的存在。每个人都以不同的方式理解痛苦，得出不同的感悟，不信你大可看看相关的医学研究。当我谈及当下的痛苦时，意味着我可能正在经历一些难事，而要将我的经历和感受传达给他人却绝非易事。而且我相信，这种困难并不仅仅是语言上的障碍，而是从本质上讲就不可能做到。站在语言的角度来看，如果将这些概念、想法和词汇统统换成我们各自的母语，我们对痛苦的感受本大体相当。

真理无极限：真理不受体系和结构的限制，无所谓核心，亦无所谓边界，这才是真理。

真理无法编排：你无法将真理编排得条理分明，恰似无法将水注入袋中定型一般。

接受真理的教诲：接受**真理**的教诲与培育——勤学苦练，享受你计划的人生，并最终达成所愿。片面的发展无法触及真谛，世上本没有此宗彼派之别，重在是否对问题有睿智的理解。

求真：求真涵盖追求真理、认识真理（及其存在）、感知真理（感知其体用，一如对运动的感知）、理解真理、实践真理、掌握真理、忘却真理、忘却真理的载体、回归真理的本源、守静守虚。

一流的哲学家致知于行：道家认为，一流的哲学家会为理解真理而亲身践行。克里希那穆提也曾指出，不能以割裂的眼光寻找真理，唯有融于一体才能看清真理。

诚实：如果不想明天说漏嘴，今天就得说真话。

日常生活即真理：真理展现在日复一日的寻常生活中。正因如此，许多人才视而不见。越是有意寻找，越会失之交臂，若说真理有任何秘密可言，那也就是如此了。真理就在眼前，只是我们总把它复杂化了，好似画蛇添足。

真如即解脱：须顿悟"真如即解脱"——真如不是一种可以理解的认知对象，真如直接存在于经验与觉悟之中。

愤怒与真理：内心被真理照亮之人不生嗔怒。

真如超越顺逆：至道无难，唯嫌拣择。但莫憎爱，洞然明白。毫厘有差，天地悬隔。欲得现前，莫存顺逆。违顺相争，是为心病。[①]

个人对真理的认识在不断变化：因为我在不断成长、不断变化，所以数月前我对真理的认识，时至今日可能已大不一样。

[①] 语出《信心铭》，禅宗三祖僧璨作。——译者注

无路之路：真理无迹可循，如无路之路。其本身圆融完整，不分过去未来。怎能凭借固定的体系和方法去触及活生生的真理？确凿的道路只能通往静止、定格的死物，而有生命的东西注定无路可往。

真理存乎模式之外：真理存在于一切模式和套路之外，觉悟后不会再有排斥之心。真理从不是一个固定的概念，更非结论。风格和方法都已定型，但生命的真谛却是一种过程。

自行发掘真理：营造一种自由的生活氛围，自行去发现真理，不单单只是被动地屈从于这个世界，更要以自己的理解去面对世界。如人饮水，冷暖自知。人只有亲身实践，才能验证真理。

抛弃虚华：远离浇薄，抛弃虚华。

终极真理：终极真理没有象征，没有门类，更无任何超凡脱俗之处。

真理不在书中：真理不在书中，若求诸书本，书只会成为你探索真理的阻碍。在追求真理的道路上，你只能独自求索，切莫依赖他人和书本。

"指月之指"：我所说的这些，充其量无非是"指月之指"。请勿认指作月，也别一味盯着手指，而错过天上美景。毕竟，手指的用途只在于"指"，指向照亮手指、照亮尘世的遥远月光。

　　空——终局：朋友，我得走了。往后你还有很长的路要走，愿你轻装上阵。趁现在，卸下你所有的包袱，勿执成见，"敞开"心扉迎接将来的人事。朋友，切记，杯子的用处正在于它的空。

　　终而复始：结束与开始紧紧相邻，譬如音阶，可以从最低音逐渐升至最高音，但到达最高音位后，你会发现最低音其实就在旁边。有道是"知不知，上"[①]。

---

① 语出《道德经》第七十一章。——译者注

Striking Thoughts: Bruce Lee's Wisdom for Daily Living by Bruce Lee(author), John R. Little(editor)
Copyright: ©2000 by Linda Lee Cadwell
All photos appearing in this book are courtesy of the archive of Linda Lee Cadwell, the Estate of Bruce Lee, and Warner Brothers Films.
This edition arranged with Tuttle Publishing/Charles E. Tuttle Co., Inc.
Through Big Apple Agency, Inc., Labuan, Malaysia.
Simplified Chinese edition copyright: 2020 Ginkgo(Beijing) Book Co., Ltd.
All rights reserved.

本书中文简体版权归属于银杏树下（北京）图书有限责任公司。
著作权合同登记号：22-2020-106号

图书在版编目（ＣＩＰ）数据

生活的哲学 /（美）李小龙著；（加）约翰·里特编；李倩译. -- 贵阳：贵州人民出版社, 2020.9（2024.12 重印）
　ISBN 978-7-221-16040-9

Ⅰ.①生… Ⅱ.①李… ②约… ③李… Ⅲ.①李小龙(Lee, Bruce 1940-1973) —人生哲学—通俗读物 Ⅳ.①B821-49

中国版本图书馆CIP数据核字(2020)第120784号

SHENGHUO DE ZHEXUE
生活的哲学
［美］李小龙　著　　［加］约翰·里特　编
　　李　倩　译

出 版 人	朱文迅
选题策划	后浪出版公司
出版统筹	吴兴元
编辑统筹	王　頔
策划编辑	王潇潇
责任编辑	张　黎　李　方
特约编辑	杨晓晨
装帧设计	墨白空间
责任印制	常会杰
出版发行	贵州出版集团　贵州人民出版社
地　　址	贵阳市观山湖区会展东路SOHO办公区A座
印　　刷	天津中印联印务有限公司
经　　销	全国新华书店
版　　次	2020年9月第1版
印　　次	2024年12月第5次印刷
开　　本	889毫米×1194毫米　1/32
印　　张	6.25
字　　数	116千字
书　　号	ISBN 978-7-221-16040-9
定　　价	36.00元

后浪出版咨询(北京)有限责任公司　版权所有，侵权必究
投诉信箱：editor@hinabook.com　　fawu@hinabook.com
未经许可，不得以任何方式复制或者抄袭本书部分或全部内容
本书若有印、装质量问题，请与本公司联系调换，电话010-64072833